新时代乡村振兴丛书

曾祥有 ◎ 主编

化橘红
关键栽培技术

SPM 广东科技出版社
南方传媒　全国优秀出版社
· 广 州 ·

图书在版编目（CIP）数据

化橘红关键栽培技术 / 曾祥有主编. —广州：广东科技出版社，2024.11

（新时代乡村振兴丛书）

ISBN 978-7-5359-8240-7

Ⅰ.①化… Ⅱ.①曾… Ⅲ.①橘—栽培技术—化州 Ⅳ.①S666.2

中国国家版本馆CIP数据核字（2024）第015624号

化橘红关键栽培技术

Huajuhong Guanjian Zaipei Jishu

出 版 人：	严奉强
责任编辑：	尉义明　谢绮彤
封面设计：	柳国雄
责任校对：	韦　玮
责任印制：	彭海波
出版发行：	广东科技出版社
	（广州市环市东路水荫路11号　邮政编码：510075）
销售热线：	020-37607413
	https://www.gdstp.com.cn
	E-mail：gdkjbw@nfcb.com.cn
经　　销：	广东新华发行集团股份有限公司
排　　版：	创溢文化
印　　刷：	广州市东盛彩印有限公司
	（广州市增城区新塘镇上邵村第四社企岗厂房A1　邮政编码：510700）
规　　格：	889 mm×1 194 mm　1/32　印张4.125　字数120千
版　　次：	2024年11月第1版
	2024年11月第1次印刷
定　　价：	29.80元

如发现因印装质量问题影响阅读，请与广东科技出版社印制室联系调换（电话：020-37607272）。

《化橘红关键栽培技术》
编委会

主　　编：曾祥有

副 主 编：曾继吾　王灿红　曹　征

参　　编：罗剑斌　周　懿　赵俊生　赵　宇　董志新

　　　　　刘付玉俊　韩寒冰　胡珍才　李银桂　吴德祥

主编单位：

　　茂名市农业科技推广中心

参编单位：

　　岭南现代农业科学与技术广东省实验室茂名分中心

　　广东省农业科学院果树研究所

　　广东茂名农林科技职业学院

前言

道地药材是指产在特定地域，与其他地区所产同种中药材相比，品质和疗效更好，且质量稳定，具有较高知名度的中药材。化橘红为岭南道地药材，是"十大广药"之一。化橘红主产于茂名化州，其药效成分的含量优于其他地方的种植品种，为国家地理标志产品，也是广东立法保护的中药材品种。化橘红种植及应用历史悠久，因其化痰止咳疗效好，已逐渐取代橘红，成为主要品种。化橘红名声起于明代，盛于清代，至明清时期成为朝廷贡品，因化痰有奇效得到国内外医学家的认可，有"南方人参"和"一片值千金"的美誉。2020年版《中华人民共和国药典》收载：化橘红辛、苦，温，归肺、脾经，用于咳嗽痰多、食积伤酒、呕恶痞闷。特别是新冠疫情发生后，化橘红被列入《新型冠状病毒肺炎诊疗方案（试行第六、第七、第八、第九版）》中防治肺炎普通型湿毒郁肺证的推荐组方用药，其种植、加工等备受关注。在大力发展中医药大健康的背景下，化橘红产业在医药、保健、日用化学产品及旅游等业态中，发展前景良好。

"药材好，药才好"，说明中药产业发展，优质的原料是物质基础。化橘红作为化州特色产品，不仅有着出色的药效功能，还有着深厚的文化基础，在治疗咳嗽痰多等疾病方面发挥重要作用。化橘红野生药材品质好，但野生资源稀缺、产量受限，不足以支撑产业发展，当前以栽培为主。在各级政府的大力支持和政策引导下，大力加强化橘红种质资源收集和保存，通过人工栽培产出品质优良、质量稳定的化橘红优质原材料，是促进化橘红产业高质量发展的保证。

化橘红作为道地药材，其品质受地理环境、种植管理、采收加工等多方面影响。调查发现，目前化橘红的种植、加工等环节还存在诸多问题，导致化橘红产品良莠不齐，不仅影响疗效，而且影响产业的整体声誉。因此，加强化橘红优良资源保存，筛选优良品种（系），规范栽培管理、果品采收、炮制与加工及功效评价，实现标准化种植，规范化加工，是当前和今后需要做的工作。此外，还需进一步加强品牌建设和文化发掘，进一步提升品牌和文化价值，促进产业提质增效，从而实现产业的良性发展。

为推动化橘红规范化栽培及产品开发，有效提高化橘红的产量和品质，为生产者提供实用技术参考，笔者在参阅相关文献的基础上，结合多年从事化橘红栽培试验的经验，整理编写成《化橘红关键栽培技术》一书。本书归纳和介绍了化橘红种质资源的特性、果园建设、苗木繁育、栽培管理、采后加工等内容，以期为化橘红种植户、加工企业及研究人员提供参考，为化橘红全链条的规范化、标准化及高质化的发展提供理论参考和技术指导。本书作为"新时代乡村振兴丛书"之一，用规范、通俗、易懂的方式，将相关产业中的创新实用技术、经验方法呈现给读者。

该书编写过程得到相关单位和个人的大力帮助，在此一并表示感谢！该书出版工作量大、时间紧迫，书中难免有考虑不足及错漏之处，敬请广大读者提出宝贵修改意见，以便再版时不断完善。

编 者

2024年3月

目 录
Mulu

第一章 概述 / 001
一、化橘红的来源 / 002
二、化橘红的栽培历史与产地 / 005
三、化橘红的成分及其药用价值 / 006

第二章 种质资源及性状 / 007
一、植物源鉴别 / 008
二、种质资源分析 / 012

第三章 生物学特性 / 021
一、植物学特征 / 022
二、生命周期 / 028
三、年生长周期 / 031
四、影响化橘红药效的因素 / 036

第四章 建园 / 039
一、用地选址 / 040
二、规划设计 / 042

第五章 苗木繁育与管理 / 055
一、嫁接育苗 / 056
二、圈枝育苗 / 061

第六章　栽培管理技术 / 063

一、定植管理技术 / 064

二、幼树管理技术 / 065

三、结果树管理技术 / 070

四、老果园改造技术 / 078

五、化橘红果采摘管理技术 / 081

第七章　病虫草害及其防治 / 085

一、常见病害及其防治 / 088

二、常见虫害及其防治 / 101

三、常见草害及其防治 / 113

四、缺素症状与补充管理 / 114

第一章
概 述

化橘红，又名"化州橘红""毛橘红""柚皮橘红"，居岭南八大道地药材之首，是中国"十大广药"之一，素有"南方人参"之美誉。传统中医认为化橘红具有理气宽中、燥湿化痰的作用，常用于治疗咳嗽痰多、食积伤酒、呕恶痞闷等症状。

化橘红具有很强的地域性，道地产区为广东省茂名市化州市。其治咳喘的用法传承已久，清代光绪年间的《化州志》有记载："化州橘红，治痰如神"，因疗效显著，明清时期曾被列为宫廷贡品，至今仍流传着"一片值千金"的美誉，如今在广西博白、陆川与湖南黔阳等地区也有栽培，而化州本土的道地化橘红则作为国家地理标志产品加以标识和保护。

一、化橘红的来源

化橘红为芸香科植物化州柚（*Citrus grandis* Osbeck var. *tomentosa* Hort.）或柚（*Citrus grandis* Osbeck）的未成熟或近成熟的干燥外层果皮，前者习称"毛橘红"，后者习称"光七爪""光五爪"（2020年版《中华人民共和国药典》）。根据果实生长发育、采收时期和部位不同可将花、幼果及未成熟果的果皮分别制成化橘红花、化橘红胎（幼果）和化橘红（皮）。"化橘红"一名，始见于明万历年间的《高州府志》，书中载有"化橘红唯化州独有"，其与橘红的药效相仿，但又优于其功效，故药材名前冠以"化"字，以表产地。据《化州县志》，当时"化州药属五十有九，皆非道地材，惟橘红为最佳品"。通过历代医家不断补充和发展，"化橘红"与"橘红"明确分为两类，明代《本草原始》有记载："橘红，广东化州者胜。"乾隆三十年（1765年），赵学敏在《本草纲目拾遗》中，将化橘红正式立目。其后的本草著作多以此为基础，与历史上的橘皮、橘红相区别，化橘红辛香味醇厚，以广东省化州地区所产为上品（图1-1至图1-4）。

图1-1　化橘红定形

图1-2　化橘红干果仓库

化橘红作为"十大广药"之一，栽培历史悠久，最早种植于南北朝时期，距今已有1500多年。据文献考证，早在10世纪初期，化州只有石龙岗、赖家园、李家园、潘家园、苏泽堂和平定镇的光福寺等地方种植橘红，所产化橘红备受药行和文人雅士的赞誉。清代

光绪年间的《化州志》记载:"化州橘红治痰症如神,每片真者可值一金,每年结实,循例报名上官,至期采摘批制,即官斯土者亦不易得。"因此,不论官宦、商贾、文人学士,凡入州地者,无不以获得一两枚化州橘红为幸事。化州橘红品种纯正,药用功效奇特,在明清两代被列为宫廷"贡品"和御用药物,盛极一时。

图1-3 年份久的化橘红密封保存

图1-4 化橘红切片储存

二、化橘红的栽培历史与产地

化橘红栽培历史悠久,明清时期成为贡品,清末民初到中华人民共和国成立之前,由于战乱不止,化橘红产业的发展受到了阻碍,栽种面积一度缩减。截至中华人民共和国成立前,种植区域仅剩30多亩(亩为非法定计量单位,1亩=1/15公顷≈666.67平方米)。中华人民共和国成立后,在政府的重视、扶持和引导下,人们对于中医药的认可使当地化橘红种植业重新焕发生机,特别是新冠疫情后,化橘红被列入新冠诊疗组方用药,当地化橘红产业更是迎来了前所未有的关注度,化州柚的种植在当地也得到快速的发展。

《中国植物志》将化州柚定为柚的栽培变种,在分类学等级上归于柚种下一级,除具有柚的一般植物学特征之外,还具有特异性特征,即具有"果被柔毛,果皮比柚的其他品种厚"的特性。在经历漫长的栽培和选育过程中,化州柚在化州分化成不同的品系,当地人按照幼果着毛程度及药用价值的不同将其分成正毛、副毛及光青等栽培品系。广东省化州市河西街道、石湾街道、新安镇、官桥镇、中垌镇、丽岗镇、林尘镇、江湖镇、合江镇、那务镇、平定镇、文楼镇、播扬镇、宝圩镇等14个镇和街道现辖行政区域为道地产区,这些区域内有规模化种植的化州柚。在广东英德,以及广西陆川、博白、百色、玉林、宜州、横州等地也有引种和栽培,但由于地理气候及土壤理化等因素影响,其他地区所产橘红在理化性质上与道地产区所产化橘红存在一定的差异,说明了化州柚的遗传特征受产地因素影响。

三、化橘红的成分及其药用价值

传统中药本草及医学临床试验研究认为：化橘红性温、味苦辛，入肺、胃两经，具有宽中下气、散寒燥湿、健胃利气、消痰止咳的特殊功效。对于治疗风寒咳嗽、喉痒痰多、食积气逆、胃气不和、胸腹胀闷、慢性支气管炎、慢性阻塞性肺疾病等症有独到的疗效。

现代植物化学研究表明，化橘红药效成分主要有四大类：黄酮类（柚皮苷、柚皮素、野漆树苷、芹菜素等）；多糖类（果胶、D-木糖、D-半乳糖、D-甘露糖等）；挥发油类（柠檬烯、β-月桂烯、γ-松油烯等）；香豆素类（异欧前胡素、佛手内酯等）。现代药理研究表明，化橘红活性组分具有调节血脂、提高免疫力、降低血糖、清除自由基、抗肿瘤的作用；其中黄酮类化合物具有抗氧化、降血糖、降血脂、软化血管等多种功能；化橘红多糖有消炎、止咳、化痰的药效。同时研究发现，初步纯化的化橘红多糖可显著增强小鼠细胞的免疫功能，还可有效预防动脉粥样硬化和癌症。基于化橘红的止咳、化痰功效，相关研究人员正在开发有关药物用于防治呼吸道系统相关疾病。

第二章
种质资源及性状

中药产业是资源依赖型产业，优良的资源是产业发展的物质基础。"道地药材"为特定产区名优正品药材，化橘红作为茂名化州的道地药材，随着化橘红产业不断发展壮大，野生资源几近消失，亟待保护。学者研究表明，化橘红历经1500多年种植，在自然变异和人工选择下，已发展形成多个品系，各品系农艺性状、药效成分含量各不相同。但现流通市场多以产品果皮有无茸毛、茸毛疏密等外观，以及芳香味浓淡等气味特征区分品质优劣，并据此定价，无明确品系或药效等级之分，导致高价购买药效低产品、种植追求高产和品系日趋单一化等问题出现，不利于化橘红产业长期有序发展。厘清道地化橘红各种质资源及特征、相互间差异，对消费者选购化橘红、科研工作者育种研究及化橘红产业发展具有重要意义。

一、植物源鉴别

化橘红基原植物分为化州柚与柚。在植物分类等级上，化州柚与柚非并列关系，化州柚为柚的栽培变种。近年，随着化州柚产能的扩大，《地理标志产品 化橘红》（DB 4409/T 06—2019）及化橘红的各行业明确了道地化橘红基原植物是化州柚，但无论是柚还是化州柚，都有许多品种（系）或栽培品种，加上橘柚类药材本同源的历史，造成现如今化橘红基原植物标准模糊、种质资源混杂的局面。

1. 植物来源考证

早在宋代、明代，化橘红已依赖橘红声誉入药。本草考证表明，广东化州所产橘红优于其他橘红，并著称于世，化州橘红、化橘红由此得名。有关化橘红入药最早的文字记载，始见于康熙十四年（1675年）的《广东通志》，到乾隆三十年（1765年）赵学敏的《本草纲目拾遗》中，化橘红以正式立目分出，其后的本草著作多以此为基础，与历史上的橘皮、橘红相区别。

我国1963年版《中华人民共和国药典》收载橘类橘红和柚类橘红，其中柚类橘红包括毛橘红和光橘红。1977年版《中华人民共和国药典》也只收载橘红。1985年及以后的《中华人民共和国药典》均将橘红与化橘红单独列出。

2. 化橘红资源鉴定

化橘红主要分为两大类，分别称毛橘红、光橘红，二者在外观、产地、主要药效成分上均有较大差异。毛橘红指芸香科植物化州柚的成熟干燥外层果皮，外表面通常为黄绿色，有明显的皱纹和小凹点，果皮外密被小茸毛，内侧稍柔而富有弹性，质地较脆，易折断，并且断面不整齐，外缘有一列不整齐且下凹的油室；毛橘红总黄酮含量高于光橘红，为广东化州所产。光橘红指芸香科植物柚的成熟干燥外层果皮，外表面光滑，黄绿色，无茸毛，且内表面多为黄白色或淡黄棕色，有脉络纹，其药材习称为"光七爪""光五爪"，主产于广西、湖南。

3. 化橘红主要品系的特征

化橘红树经千百年自然顺变和栽培变异，已形成多个具不同特征的品系。对不同株系目前尚未有统一的区分标准，且同一品系在不同地方有不同叫法。目前，大家普遍认可的化橘红主要有三大品系：正毛、副毛和光青。正毛和副毛属毛橘红，光青属光橘红。正毛橘红，幼果密被茸毛，果越熟毛越少，中果皮厚，多心室，腺毛酸苦，花、果极芳香，干燥后芳香更浓郁。副毛橘红，子房和果实呈球状，中果皮厚，多心室，腺毛酸苦，花和果都芳香，干燥后芳香更浓郁。光青也称作"土柚"，其果实外表光滑，晒干后，表皮略有凹陷，颜色为柠檬黄色，一般会被药厂收购，加工为中成药。

4. 化橘红主要品系的形态特征

现化橘红品系之间主要靠外观形态特征区分，但缺乏明确标准，导致同物异名、同名异物现象普遍存在。本书对种植面积较大、能以形态特征明显区分的正毛、副毛、密叶、黄龙、西洋五大品系的叶片、花、果实形态特征进行汇总区分，旨在为不同化橘红品系区分提供指引。

（1）叶片。五大化橘红品系叶片均具翼叶，叶片面积大，密布茸毛，有叶尖（图2-1）。不同的是，叶片表面茸毛触感上，正毛较其他品种更为浓密、细腻；叶片长度上，黄龙最长；叶片形状上，正毛、副毛叶片形状为菱形，黄龙叶片形状为阔披针形，密叶和西洋则为卵圆形；翼叶形状上，西洋为心形，其他品系为倒卵形。可见，不同品系的叶片形态存在较为明显的差异。

图2-1　不同品系化橘红叶片

注：从左至右依次为正毛、副毛、黄龙、密叶、西洋的叶片。

（2）花（图2-2）。化州柚的花为序花，每个有5～10朵小花，形态差异不大。黄龙花瓣4～7枚，萼片5～6枚；正毛花瓣4～5枚，萼片4～5枚；密叶花瓣5枚，萼片4枚；西洋、副毛的花瓣和萼片均为4枚。不同品系之间雌蕊和雄蕊的数目及高度的差异均不明显；柱头扁圆形，不同品系柱头的大小存在轻微差异。值得关注的是，化州柚的花雌蕊普遍高于雄蕊，该特征不利于授粉，是否与化州柚落花严重之间存在联系还有待研究。

图2-2 不同品系化橘红花

注：从左至右依次为黄龙、正毛、副毛、密叶、西洋的花。

（3）果实（图2-3）。化州柚成熟果实果面橙黄色、油胞平、有茸毛，中心柱实，种子楔形、单胚、合点紫色，子叶白色。根据果实的纵横径和外观，5个品系果形可分为3种类型：黄龙果实扁圆形；正毛、副毛和密叶果实近梨形；西洋果实近圆形。从果面茸毛特点来看，黄龙和正毛茸毛长而密，密叶和西洋茸毛次之，副毛茸毛短而稀。果顶部和果肩部的特征差异均可作为区分不同品系的标记。

图2-3 不同品系化橘红果实

注：从左至右依次为黄龙、正毛、副毛、密叶、西洋的果实。

传统的化橘红质量评价方法认为，果面茸毛越多，气味越浓郁，品质越佳，但有研究显示，茸毛稀少的副毛品系，其柚皮苷、总黄酮含量也较高，而正毛品系有些指标则表现中等。由此可见，传统评价方法并不能准确评价化橘红品质的优劣。

对化橘红种质资源进行综合评价与分析，弄清不同种质资源的差异，有助于更好地了解其品质特性，对指导品种结构调整、提高药材质量和选育新品种具有重要意义。同时，科学的综合评价方法

也将为后续开展更全面的化橘红种质资源调查评价研究奠定基础。

二、种质资源分析

化橘红的形态特征易受产地、繁殖方法等方面的影响，果皮的茸毛特征呈现出一定的变异。研究者们对化橘红不同产地及来源的遗传多样性进行分析，发现产地、繁殖方法（有性或无性）可诱导化橘红形态特征发生变化。目前，化橘红的研究主要集中在有效成分分析、病虫害防治、种质资源分析等方面。种质资源的收集、保存和精准鉴定是种质创新和新品种选育的基础。本书团队在化橘红主产区开展种质资源收集工作，在形态鉴定的基础上，从植物表型、遗传多样性、有效成分含量等方面进行综合分析，以期为化橘红种质资源鉴定、评价、保护和创新利用提供参考。

1. 资源收集及理化性状分析

化州石龙岗、赖家园、李家园、潘家园、苏泽堂、光福寺是最早种植化州柚的地方，其种质资源丰富，但在1949年经历了一次几乎毁灭性的锐减和市场筛选的作用下，目前仅有李家园保留了部分化橘红原始种质资源，许多优良原始种质资源因缺乏保护逐渐消逝，让人痛惜。

经过调查，现存能追溯的最古老的化州柚，是平定镇大岭村的百年古树，其品名为西洋。平定镇是化州栽培化州柚历史最悠久的镇和主要加工基地，平定镇大岭村则被中华文化促进会授予"中华化橘红第一村"的称号。但近年来，由于新种质资源不断被发掘，西洋因挂果率低、平均树龄高、种质资源退化等，种植的面积逐渐减少。

2006年12月，国家质量监督检验检疫总局第219号公告把化橘红列为地理标志产品进行保护，以广东省化州市河西街道、石湾街道、新安镇、官桥镇、中垌镇、丽岗镇、林尘镇、江湖镇、合江镇、那务镇、平定镇、文楼镇、播扬镇、宝圩镇14个镇和街道现辖行政区域为化橘红产地范围。

本书研究团队2019—2020年通过在广西、广东化橘红主产区开展化橘红种质资源普查工作，共收集到31份种质资源，从植物学特征比较发现，不同种质资源具有特异性状表型。SNP（单核苷酸多态性）分析结果表明，这些品种主要归为毛橘红和光橘红两大类。主要有效成分分析结果显示，不同品种间内含物含量不尽相同。

2. 资源特异性状分析

参考中华人民共和国农业行业标准《农作物种质资源鉴定技术规程 柑橘》（NY/T 1486—2007），结合化橘红实际特征和性状，本书研究团队对收集的31份种质资源（分别编号1~31）的叶、花、鲜果、干果的特征，以及亲缘关系和内含物含量进行仔细比较分析，部分数据分析如下。

（1）不同品系叶性状比较。考察种质资源叶片表型，如图2-4所示。化橘红叶片由主叶和翼叶两部分组成，不同品种间叶片表型差异较明显，比如11号无翼叶，14号叶片偏大等。对部分品种进一步考察，结果表明：不同品种主叶和翼叶叶长、叶宽有差异；主叶性状表型较多，包括卵圆形、椭圆形、阔披针形等；而翼叶主要为心形和倒卵形两种表型；叶缘主要表现为波状和全缘；叶尖端主要表现为钝尖和渐尖；叶基主要为广楔形和楔形两种形状。另外，不同品种叶片颜色也有差异，推测其差异可能与种植环境和管理水平有关，需进一步研究证明。部分数据和表型情况见表2-1。

表2-1 化橘红种质资源叶片性状

样品编号	叶柄长/厘米	叶片长/厘米	叶片宽/厘米	翼叶长/厘米	翼叶宽/厘米	翼叶形状	主叶形状	绿色程度	叶缘	叶尖端形状	叶尖缺刻	叶基形状	翼叶	扭曲程度	叶缘波状程度
8	—	10.68	6.87	2.87	2.69	心形	卵圆形	深	波状	钝尖	有	广楔形	有	弱	深
9	—	12.75	8.01	2.18	1.30	倒卵形	卵圆形	深	波状	钝尖	有	广楔形	有	中	深
10	—	11.17	7.93	2.54	2.45	心形	椭圆形	深	波状	圆形	有	广楔形	有	弱	深
12	0.64	12.65	8.02	2.94	2.19	倒卵形	阔披针形	深	全缘	渐尖	有	楔形	有	弱	无
13	0.68	12.55	7.47	3.17	2.05	倒卵形	阔披针形	中	全缘	渐尖	有	楔形	有	弱	弱
14	0.54	13.79	7.95	2.75	2.00	倒卵形	菱形	深	全缘	渐尖	无	楔形	有	弱	弱
16	0.76	9.94	6.17	3.10	2.45	心形	卵圆形	中	波状	钝尖	无	楔形	有	弱	深
17	0.65	11.61	6.84	3.87	3.77	倒卵形	卵圆形	深	波状	渐尖	无	广楔形	有	弱	深
19	0.56	10.08	5.69	2.38	1.67	倒卵形	卵圆形	中	全缘	渐尖	无	广楔形	有	弱	无
21	0.51	11.95	6.73	2.87	2.16	心形	阔披针形	深	波状	急尖	有	楔形	有	弱	深
22	0.55	11.94	5.85	3.26	2.68	倒卵形	卵圆形	深	波状	渐尖	无	楔形	有	中	深
27	0.62	10.80	6.18	3.27	2.17	倒卵形	卵圆形	—	波状	钝尖	—	广楔形	有	中	深
28	0.72	10.97	6.42	2.78	1.85	倒卵形	卵圆形	—	波状	钝尖	—	广楔形	有	—	深

图2-4 化橘红种质资源叶片对比

（2）不同品系花性状比较。考察化橘红种质资源花性状，对不同品种花的雄蕊数量、雌雄蕊高低差、花瓣数、萼片数、雌蕊长度、雌蕊直径、雄蕊长度、柱头长、柱头宽等性状进行测量比较，结果如表2-2所示。不同品种化橘红雄蕊数量不一，为29～41枚；大部分品种雌蕊高于雄蕊，只有10号和16号雄蕊高于雌蕊；大部分植物花朵是雄蕊高于雌蕊，有助于授粉，因此雌蕊高于雄蕊的表型可能是导致化橘红授粉成功率低的因素之一。花瓣数4～5枚；不同品种间萼片数差异较大。综上所述，虽然化橘红花在直观上相似，但是仍有表型差异，推测部分表型差异与授粉成功率相关。

表2-2 化橘红种质资源花性状

样品编号	雄蕊数量/枚	雌雄蕊高低差/毫米	花瓣数/枚	萼片数/枚	雌蕊长度/毫米	雌蕊直径/毫米	雄蕊长度/毫米	柱头长/毫米	柱头宽/毫米
8	34.50	4.02	4.40	3	15.71	2.07	11.69	3.41	4.66
9	34.60	1.57	4.10	2	15.11	2.28	13.54	3.40	6.66
10	33.00	1.27	4.11	1	15.28	2.24	16.54	3.23	6.67
13	36.70	2.77	4.10	1	17.95	1.82	15.18	3.09	5.02
14	40.80	0.35	4.40	3	18.59	2.34	18.24	3.22	5.46
16	38.60	2.16	4.60	5	13.92	2.19	16.08	2.63	3.76
20	38.40	1.26	4.20	3	15.25	2.08	13.99	4.77	2.39
21	29.60	1.92	4.00	1	16.31	2.07	14.39	5.44	3.21
22	34.10	1.29	4.30	4	15.00	2.15	13.71	4.57	3.06

（3）不同品系鲜果性状比较。研究表明，150~180克的化橘红鲜果药效比最大，生产上也是按该标准收取果实。摘取该时期化橘红鲜果，考察鲜果性状，如表2-3所示。不同品种果纵径为64~76毫米；果横径为73~84毫米；果形指数均大于0.83，大部分品种果形指数小于1，但16号果形指数大于1，暗示该品种形与其他品种有较大差异，容易辨识；比重差异也较大，轻的为0.6，重的为0.8，暗示摘取果实时果实大小不是评判果实重量的唯一标准；囊瓣数为12~17瓣。鲜果性状与化橘红采收和加工有直接关系，影响鲜果内含物含量和干果形状，是生产中的关键。因此，了解种植品种鲜果性状除了品种间的区分，对于实际生产也十分重要。

表2-3 化橘红种质资源鲜果性状

样品编号	果纵径/毫米	果横径/毫米	果形指数（纵径/横径）	果重/克	比重	囊瓣数/瓣
8	66.28	76.90	0.86	154.1	0.75	15
9	67.96	77.82	0.87	155.7	0.72	15
10	73.43	77.81	0.94	151.2	0.68	13.83

续表

样品编号	果纵径/毫米	果横径/毫米	果形指数（纵径/横径）	果重/克	比重	囊瓣数/瓣
13	74.35	80.27	0.93	159.1	0.6	14.75
16	75.65	73.65	1.03	161.2	0.8	14.25
20	72.65	76.40	0.95	150.1	0.68	14
21	74.60	75.80	0.98	151.4	0.6	12
22	64.10	75.10	0.84	151.1	0.8	16
25	70.00	84.00	0.83	151.8	0.71	15.33
26	69.43	73.58	0.94	146.1	0.8	15
27	65.80	73.52	0.90	140.4	0.74	16.33

（4）不同品系干果性状比较。摘取不同化橘红品种150～180克的鲜果，在同一条件下烘干，比较干果颜色、果形、果面茸毛、果基形状、果顶形状等表型。如表2-4和图2-5所示，不同品种颜色和果面茸毛差异较大，茸毛较密的品种颜色相对较浅，茸毛较稀的品种颜色相对较深，暗示茸毛数量可能影响干果颜色。

表2-4 化橘红种质资源干果性状

样品编号	颜色	果形	果面茸毛	果基形状	果顶形状
8	深咖色	高扁形	短、密	稍圆	浅凹
9	咖啡色	球形	中、密	圆	圆
10	浅咖色	球形	短、密	圆	浅凹
13	浅咖色	高扁形	短、密	稍圆	浅凹
14	深黄色	球形	短、密	圆	圆
16	深灰色	卵圆形	长、稀	锥形	浅凹
20	深咖色	卵圆形	中、密	锥形	浅凹
21	深咖色	卵圆形	短、密	锥形	平
22	咖啡色	高扁形	中、密	稍圆	浅凹
25	深咖色	球形	短、稀	圆	平
26	咖啡色	球形	短、稀	圆	浅凹
27	深咖色	球形	长、密	圆	浅凹

图2-5 化橘红种质资源干果对比

（5）不同品系亲缘关系比较。通过对收集的8～23号种质资源与编者早前收集的33份种质资源进行SNP检测后再进行聚类分析，发现存在多份种质资源分析结果为同一品系的现象，且该现象存在于多个品系，说明现实中同物异名十分常见，品系缺乏明确的判断标准。另外，从图2-6可看出，化橘红可分为毛橘红和光橘红两大类，毛橘红又可以分为两类：正毛、密叶、黄龙属一类，副毛、西洋属另一类。

（6）不同品系内含物比较。对不同品系的总黄酮、柚皮苷、挥发油、柠檬烯等内含物含量进行检测和比较，相关测定方法均按照《地理标志产品 化橘红》（DB 4409/T 06—2019）规定进行。

如表2-5所示，不同品系间不同内含物含量有差异。将检测指标与《地理标志产品 化橘红》（DB 4409/T 06—2019）相关限量比较发现，检测品种总黄酮和柚皮苷的含量均较高，均达到指标要求；但其中4号、6号、7号、13号、14号样品的野漆树苷含量未达标；4号、6号、8号、14号样品的挥发油含量均未达标，但接近0.50%的限量。部分品种虽然有些内含物含量高，但有些内含物含量却不达标，所有指标均符合的品种只有8个，占送检样品的57%。从结果可推测，并不是所有的化橘红品种均达到地理标志产品要求，内含物含量检测可作为判断品种质量优劣标准之一。

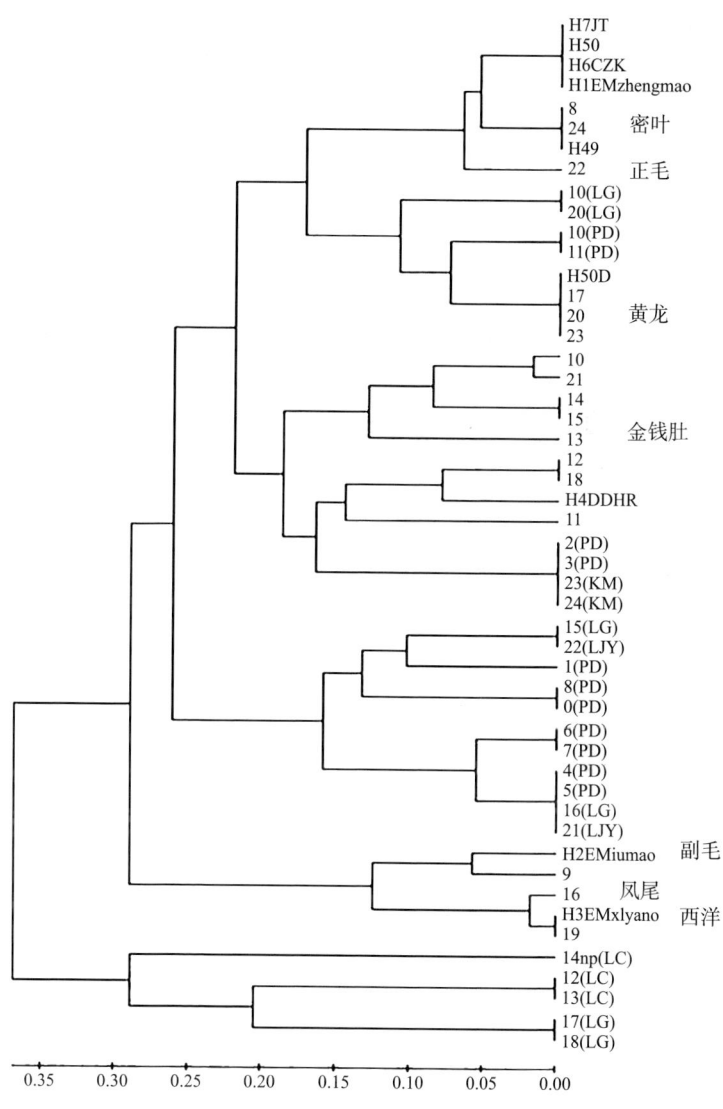

图2-6 不同品系亲缘关系比较

表2-5 化橘红样品成分分析结果

样品编号	总黄酮/%	柚皮苷/%	野漆树苷/(毫克·克$^{-1}$)	芹菜素/(毫克·克$^{-1}$)	挥发油/%	柠檬烯/%
1	12.41	10.60	2.65	0.10	0.53	44.38
2	19.19	15.01	12.87	0.13	0.55	23.68
3	12.09	10.46	2.95	0.09	0.60	56.24
4	10.83	10.10	1.50	0.04	0.44	30.77
5	23.71	20.44	4.01	0.13	0.51	40.27
6	16.46	14.66	0.51	0.29	0.42	7.36
7	11.87	10.82	1.68	0.04	0.58	46.57
8	13.98	12.56	4.04	0.12	0.44	37.71
9	12.85	11.52	8.18	0.16	0.55	29.39
10	12.07	11.12	7.01	0.09	0.55	45.44
11	13.65	12.47	3.85	0.11	0.56	23.50
12	15.74	13.97	3.20	0.06	0.72	47.01
13	14.98	13.33	1.18	0.04	0.61	0.69
14	14.85	13.19	1.68	0.27	0.44	26.72

3. 综合性状优良的化橘红株系

现主栽的五大化橘红品系各有优劣，比如，正毛品系果面茸毛量、野漆树苷含量、柚皮素含量高，但单产不高；副毛品系柚皮苷含量高，但总黄酮含量、野漆树苷含量等有明显的劣势；西洋总黄酮含量高，但果面茸毛稀少，柚皮素含量低；黄龙总黄酮含量较高，但柚皮苷含量、野漆树苷含量低；密叶单产高，但柚皮素含量低，作为一个新兴的优质种质资源，其外观和有效成分含量都与正毛相近，且产量比正毛高，有较大的推广应用价值。

通过种质资源调查分析，发现一些综合性状优良的品种：如美洁，它的果瓣、果肉颜色为红色，尾梢结果，坐果能力强，主要药效成分均达到标准要求；如无叶翼橘红，它的叶翼部分退化或完全退化，坐果能力较强等；如不落叶橘红，它的植株落叶少，抗旱、抗寒能力强，坐果能力强，果实成串。可对这些品种进一步开发利用，选育出新的符合市场需求的品种，丰富现有化橘红品种资源，提高品种抗性。

第三章
生物学特性

化州柚为芸香科柑橘属常绿乔木，高6~10米，枝条粗壮，幼叶和嫩枝被浓密柔毛，并有微小针刺。单身复叶，革质，叶片长椭圆形，先端浑圆或微凹入，基部钝圆，边缘浅波状，两面主脉上均有柔毛，叶质较厚，叶柄的翼叶多呈心形，有毛，主脉及翼叶边缘尤多。花白色芳香，花蕾多，为总状花序，雌雄同花；花萼4~7浅裂，花瓣4~7枚，雄蕊多数，联合成束，子房上位；球形柑果，作药用果径6~9厘米，果重120~150克，外果皮密被白色茸毛，淡黄绿色，多油腺点。花期3—4月，果熟期8—10月，作药用最佳采摘期为果实膨大期始期（5月上旬至6月上旬），此期果心尚小，果皮比其他柚品种厚，果肉浅黄白色或粉红色，味酸带苦，不堪生食。

一、植物学特征

1. 根

根据根系是否由胚根生长而来可分为实生根系和营养苗系（茎源根系），根系有吸收、固着和支持、贮藏等作用。化州柚主要靠与须根共生的真菌菌丝吸收土壤中的水分和养分；由于真菌菌丝伸入根系内部营共生生活进行物质交换，其须根也被称为内生菌根，在特定情况下培育能发生根毛，但在一般条件下，根毛极少。种子萌发时，由胚根发育而来的根为主根；主根内部生出的支根，称侧根；除了主根和侧根外，在茎、叶或老根上生出的根，叫作不定根。

2. 枝

化州柚新梢停止生长后，其先端部分会自行枯死脱落，这种现象称顶芽"自剪"。顶芽自剪后，化州柚顶端优势被打破，使得枝梢上部几个芽一起萌发生长，底下枝梢芽点仍处于休眠状态；只有在顶芽停止生长处两侧继续向上斜生成为生长势接近的竞争枝条，这是造成化州柚枝梢斜生密集的主要原因之一。新生枝条与老枝生长处有明显生长痕迹，叶腋上端有小刺，幼叶和幼枝带茸毛，嫩枝树皮灰白色，嫩枝横截面呈类三角形或菱形，老枝新生树皮和成熟树皮间隔呈青白色纵列纹，按照其在一年中生长的时节不同可以分为春梢、夏梢、秋梢、冬梢；按照生长状态和是否结果可以分为徒长枝、营养枝、结果枝；其中枝梢是疏导和贮藏营养物质、增加叶面积、开花结果的基础（图3-1）。

图3-1　化橘红枝条

按照枝梢抽生的次数可将枝条分级，其生长和结果受分枝角度和分枝级数的影响较大。分枝角度大，有利于树冠扩大和提早结果；分枝角度小，枝梢生长强，不利于扩大树冠，并延迟结果年限。级数划分以主干为0级、主枝为1级，副主枝为2级，侧枝为3级，以此类推。在正常情况下，4级分枝时能开花结果；7～8级分枝时不再抽生二次梢，分枝级数越高，发梢次数越少。同时，枝梢抽生的次数和时间，因气候条件、种类、树龄、树势、当年结果量、管理水平等的不同而不同。幼年树和当年结果少的成年树一年能抽生2～3次梢；而当年结果多的成年树和老年树，一般仅抽生一次春梢。一般春梢或骨干枝上抽生的夏梢、秋梢称为"一次枝"，其上再抽生的枝称为"二次枝"，再萌发为"三次枝"。因此，在栽培管理过程中需要对生长的化州柚的枝梢级数和树木冠幅进行管理，以便更早、更好地产生经济效益。

生长枝又叫"营养枝"（图3-2）。良好的营养枝，可转化为翌年的结果母枝。徒长枝是生长特别强旺的营养枝，多数在树冠内膛的大枝或主干上。头年形成的春梢、夏梢、秋梢及其生长强壮的二三次梢，均可成为结果母枝。结果枝是指结果母枝上抽生带花梢（图3-3），其中，有花的称花枝，落花的称落花枝；枝上花、叶俱全的称有叶花枝（有叶结果枝，图3-4）；有花无叶的称无叶花枝（无叶结果枝，图3-5）。

图3-2 生长枝

图3-3 结果枝

图3-4 有叶花枝

图3-5 无叶花枝

3. 叶

叶是植物的重要营养器官之一,其主要进行光合作用、蒸腾作用及呼吸作用。化州柚的叶为单身复叶,分为小叶和大叶,大叶基部和叶轴交界处有一明显的关节(图3-6),叶轴向两侧延展出小叶,视品种不同而呈倒三角形或心形,大叶也因品种不同呈现出长椭圆形、倒锥形、阔卵形(图3-7);叶脉和叶柄处有明显的细小茸毛,叶片边缘呈浅波状或钝齿状,顶部尖或钝圆或微凹,疏柔毛或无毛,对光可见半透明油腺点,揉之有清香。可根据叶片大小、叶片形状、是否被柔毛、叶齿和叶片顶端等特征对化州柚的品种进行鉴定,其叶片寿命通常为18~24个月,长的可达36个月。

图3-6 叶轴处关节

图3-7　不同叶形对比

4. 花

花是开花植物的繁殖器官。化州柚为总状花序顶生（图3-8），有时兼有腋生单花；花梗、花萼被柔毛，雌雄同株，含苞时呈子弹形（图3-9），顶端有裂口，开花香味大，花瓣质感偏肉质，可见油腺点；花萼绿色，4～6裂，浅钟状；花瓣白色，通常3～7枚，开花后花瓣外翘；雄蕊由花丝和花药组成，多数，生长在雌蕊四周，开花时花粉囊裂开；子房上位（图3-10）；雌蕊由花柱和柱头组成，柱头近圆形，柱头上有黏质分泌物（图3-11）；花期在3—4月。

图3-8　总状花序　　　　　图3-9　子弹形花苞

图3-10　子房上位　　　　　图3-11　肉质花瓣及黏质分泌物

5. 果实

被子植物的雌蕊经过传粉受精，由子房或花的其他部分（如花托、萼片等）参与发育而成的器官称为果实。化州柚果呈球形、梨形、阔圆锥状、扁圆形、宽卵形等；包括果皮和种子两部分，果皮比柚的其他品种厚。外果皮为绿色或黄绿色，外被灰白色茸毛，外有油胞凸起；中果皮甚厚，呈海绵状，分布有维管束；内果皮膜质分为若干室，向内生出许多汁囊。果心实但松软，多数维管束成束，果肉浅黄白色或粉红色，味酸带苦，不堪生食，其余性状与柚相似。化州柚从谢花直至果实采摘需2个多月，采摘时间在5月底至6月初（图3-12、图3-13）。

图3-12　谢花后结果　　　　　图3-13　商品果

二、生命周期

生命周期是指果树一生中所经历的生长、结果、衰老和死亡的变化过程。果树生命周期按照其繁育方式分为两类：一类是种子繁殖的实生果树；另一类是营养繁殖的果树，以成熟阶段后的芽作为再生的起点。目前栽培的化州柚以营养繁殖为主；其生命周期分为幼树期（童期）、结果期、衰老期。

1. 幼树期（童期）

幼树期是指从定植起到初次结果的时期（图3-14），一般为3年左右。此期的特点是树冠、根系生长较旺盛，吸收面积和光合面积迅速扩大，后期树冠骨架形成，营养物质开始积累。

图3-14　幼树期（童期）

2. 结果初期

从第一次开始结果到大量结果之前的时期称为结果初期（图3-15），此期一般为2~3年。此期的特点是结果量逐渐增加，树冠、根系加速生长，花芽数不断增加，是由生长转向结果，营养生长优势向生殖生长优势转化的过渡时期。

图3-15 结果初期

3. 盛果期

从开始大量结果到产量开始下降的时期称为盛果期（图3-16）。其特点是树冠、根系离心生长停止，树冠达到最大限度，结果枝多，结果量大，开始出现衰老更新，树冠内部局部空膛。

图3-16 盛果期

4. 结果后期

产量开始下降到丧失结果能力，开始明显出现大小年的时期称为结果后期（图3-17）。其特点是枝梢和根系大量枯死，骨干枝开始衰老，结果减少，对环境适应能力差。

图3-17　结果后期

5. 衰老期

从无结果能力到植株死亡的时期称为衰老期（图3-18）。其特点是组织的持水力减弱，蛋白质含量降低，光合作用及呼吸作用均减弱，代谢方向由合成转向水解，骨干根、骨干枝大衰亡，结果的小枝越来越少。

图3-18 衰老期

三、年生长周期

果树的年生长周期是指果树一年随环境周期变化而出现形态和生理机能的规律性变化过程。果树的年生长周期由两个明显的时期组成，即休眠期和生长期。化州柚没有明显的休眠过程，只有生长期，包括营养生长期和生殖生长期两个时期。

1. 营养生长期

包括根系生长期、萌芽期、新梢生长期、枝梢生长期、新梢成熟期（木质化期）、落叶期等几个阶段。

（1）根系生长期：化州柚在一年中有3次生长高峰，且与枝梢生长高峰相互交错。第一次发根高峰在春梢停止生长后；第二次在夏梢停止生长后至秋梢发生之前；第三次在秋梢停止生长后至果实成熟期，其间各级根系均有发生、发展、衰老、更新的过程。

（2）萌芽期：是指从芽的膨大、萌动开始，经芽的开放、幼叶展出至盛叶期的这段时间（图3-19）。化州柚果树会在一个叶腋内着生数个芽，包括一个主芽和几个副芽，这种类型的芽称为复芽（图3-20）。化州柚一年内可多次抽梢，通常主芽先萌发，副芽后萌发或暂不萌发，如果营养水平高，会同时长出枝条和花蕾，这一时期的营养状况对花枝的质量有重要影响。

（3）新梢生长期：新梢上各器官如叶片、节间和花序出现和逐渐发育。开始缓慢，然后进入迅速生长期；开花前后，新梢的生长速度开始减慢。顶芽干枯脱落后，新梢生长过旺，会推迟新梢停长期的到来，与花序争夺养分，导致落花、落果并影响枝条和果实的成熟。

图3-19 自剪后的新芽

图3-20 复芽

（4）枝梢生长期：化州柚一年中通常抽生3~4次梢，按季节分春梢、夏梢、秋梢、冬梢，按次数分一次梢、二次梢、三次梢、四次梢。立春后抽生的梢为春梢，立夏后抽生的梢为夏梢，立秋后抽生的梢为秋梢，立冬后抽生的梢为冬梢（图3-21、图3-22）。

图3-21　新梢抽生　　　　　　图3-22　展叶

（5）新梢成熟期（木质化期）：新梢成熟期开始于新梢生长停止，即顶芽脱落（图3-23），直到全部落叶结束。由下向上逐渐进行。成熟标志是枝梢木质化，质地变得坚硬，表皮由带茸毛灰白色变成有青白色纵列纹（图3-24），其成熟度直接影响枝条的抗寒能力、发芽率，以及插条、接穗繁殖的成活率；新梢成熟期内，任何引起早期落叶的因素都会影响枝条的成熟。

图3-23　新梢开始成熟　　　　图3-24　产生纵列纹

(6)落叶期:枝条成熟后期,春梢抽发时,叶片的构成物质开始分解,叶片开始变黄,叶柄基部形成离层,老叶开始脱落。

2. 生殖生长期

主要是花芽分化期和花芽形成的延续时期,花芽形成后分为现蕾期和开花期。

从叶芽转变为花芽起,直至花器官分化完全的时期,称为花芽分化期,花芽分化通常在果实采收前后至翌年春季萌芽前进行。花芽分化时期,从枝条停止生长到花芽形态分化开始之前这一时期,即为花芽孕育的临界时期,在11月至翌年1月。从开始大量分化到花芽形成、结束这一延续时期,叫作花芽形成的延续时期,在此期间,芽分化后会形成叶芽和花芽两种,叶芽逐渐长成枝条,花芽长出花蕾;混合芽既能长出花蕾,又能长出叶片,以后可逐渐形成枝条;若花芽孕育时间得不到满足,花芽便不会形成,形成花芽之后便不可逆转。化州柚花芽为混合芽,着生在结果母枝顶端或中上部,春季萌发后,先抽生枝梢再开花结果,花期为2月底至3月中旬,分为现蕾期和开花期两个阶段。

(1)现蕾期:从能辨认出花芽起,花蕾由淡绿色转为白色至初花开前,称为现蕾期(图3-25)。在1月下旬至2月中旬现蕾。

图3-25 现蕾期

（2）开花期：花瓣开放，能见雌蕊、雄蕊时称为开花期（图3-26）。开花期又以开花的量分为初花期（全树5%的花开放）、盛花期（全树25%~57%的花开放，图3-27）和谢花期（全树95%以上的花瓣脱落）。气候和品种对开花时间有较大的影响，气温高则开花早，花期短；低温阴雨时，花期延迟时间较长。

图3-26　开花期

图3-27　盛花期

（3）果实生长发育期：化州柚谢花后10天左右，果实的子房开始膨大，至果实采摘前的时期，称为果实生长发育期（图3-28）。其中，果实生长发育期有2次生理落果高峰：第一次生理落果是在谢花过后，主要是授粉不完全的假果脱落，通常为果萼及果柄一齐脱落；第二次生理落果是在果径约2厘米时，从蜜盘处脱落不带梗的小果。化州柚果实的发育过程可分为幼果期、壮果期，由于入药需要，一般在壮果期便采摘加工。

图3-28　不同阶段果实成熟情况

①果肉细胞分裂生长期（幼果期）：为4月上旬至5月上旬，此阶段从谢花后至生理落果后期为幼果缓慢生长期，此期主要是进行

旺盛的细胞分裂而增大果实体积,其间发生第一次、第二次生理落果,是坐果的重要阶段。树体的有机和无机营养状况、内源激素含量水平和气候条件等,均对坐果有重大影响。

②果实膨大期始期(壮果期):为5月上旬至6月上旬,稳果后直至果实转色前是果实迅速膨大的壮果时期,此期可分为壮果前期和壮果后期(图3-29)。

图3-29 果实膨大期

③成熟期:由于化橘红入药用的特殊性,其主要有效成分为柚皮苷、野漆树苷等黄酮类成分,对化州柚果实生长期间的相关成分进行测定,结果表明随着果龄的增加,化州柚果皮和叶中柚皮苷及总黄酮含量均呈显著性下降趋势。因此,从经济价值和有效成分含量两方面综合考虑,果龄34天时采收化州柚幼果,果龄55天时采收化州柚未成熟果较为合适。通常按照传统采收时间进行加工,采摘未成熟的果重量为120~150克,在果实膨大期始期采摘,即5—6月。

四、影响化橘红药效的因素

把产于某个特定地区且临床证明其质量优于种内其他产地的药材,谓之"道地药材"。道地性的本质是药材的功效成分含量,药材药效成分是次生代谢产物,这些次生代谢产物是植物应对逆境的保护素，是遗传因素和环境因素在药材药效形成上共同作用的结果。在剔除遗传因素后，生态地理环境因素是影响药材道地性的最关键因素。化橘红药性形成的生理环境独特，其道地产区化州市地形狭长，地势自西北向东南倾斜，北高南低，地貌以丘陵地为主，属南亚热带季风气候，全年日照2000小时左右，年平均气温22.8 ℃，年均降水量1900毫米，当地种植土质属偏酸性由页岩风化物发育而来的赤红土壤，富铝化明显，土壤中有锑、锰、铁等微量元素（图3-30、图3-31）。从地域气候环境和土壤矿物元素进行分析，其产地土壤有效钙和有效镁含量低，有效硫含量较高，化橘红产地多数采样点土壤的有效铜、锌、锰、硼、铂含量处于中低水平，化橘红幼果中总黄酮、柚皮苷含量与其叶片中的锰含量、土壤中的有效铜和有效硫含量有关；化橘红独特药用品性的形成依赖于化州北部山区适宜的热量、水分、光照等条件，以及土壤中富含礞石、微量元素等多种因素。

图3-30　种植区土壤情况

图3-31 赤红土壤

第四章
建 园

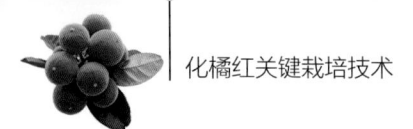

一、用地选址

化州柚种植园地的选择需考虑多方面的因素,包括道地性、政策性、立地条件等因素(图4-1)。

(1)道地性:化橘红作为一味药材,化州为其主要的道地产区,包括河西街道、石湾街道、新安镇、官桥镇、中垌镇、丽岗镇、林尘镇、江湖镇、合江镇、那务镇、平定镇、文楼镇、播扬镇、宝圩镇等14个镇和街道现辖行政区域。因此,在同等条件下,应首选这些镇作为种植区,化州境内及其他接壤地区次之。

(2)政策性:主要考虑土地用地性质,坚守耕地保护红线。在选择用地或办理土地流转前需要到当地国土、林业部门申请土地属性;慎用旱坡地、山坑田等用地。严格按照当地政府认定的用地性质进行种植,以免造成不必要的投资损失。

(3)立地条件:立地条件会影响后期果园管理、生产成本、产量、果实品质和种植效益等。需要综合考虑的因素包括自然生态环境条件、灌溉水源、交通便利性、地形地势、土壤质地、坡度和周边的社会风气等。

(4)交通条件:除农户零星小规模种植外,大规模种植首先要考虑交通问题,交通便利有利于机械化操作、人员进出和现代化产地建设,也有利于产品的运输和销售,节省成本。没有现成道路或修筑道路太远的地方,不建议建大果园,因为果园管理所需的农资和果品运输、人员进出等均需用到交通工具。

(5)水源条件:化州柚从幼年到开花结果的生长和管理,都必须要有充足的水分保障,因此,场地自然水源条件十分重要,建设果园之前,一定要考察周边是否有河流、山塘、水库或有灌溉长流沟渠保证;若不具备上述条件,就一定要建设蓄水池等,保障果园用水需要。

（6）生态环境条件：化橘红作为药用和食用兼备的产品，其产品的安全性十分重要。良好的生态环境对其生长十分重要，选址时需要避免土地污染和空气污染两个重要环境因素。造成土地污染的主要因素是废弃的化工厂场地、污染物的储放场地、废水的排放场地等；造成空气污染的主要因素是附近工厂、砖厂等有废气排放的地方。若有上述情况，则此场地不宜作为种植选址。

（7）地形和土壤的选择：化州地处亚热带，气候温和、雨热充沛，土壤属偏酸性赤红土壤，pH在5.5~6.5，土壤结构良好。化州当地土壤中富含礞石成分。在进行果园选址时，需要考虑土壤的质地和pH，应选择肥沃、有机质含量高、保水性较强的偏酸性赤红土壤。同时，原生作物对于化州柚的生长管理成本影响较大，最好避免选择生长有芒草等深根性草本植物的用地。

图4-1 规模化的化州柚种植园

二、规 划 设 计

设计步骤：主要分为资料收集与分析、现场踏勘核对、绘制规划设计图等内容。

（1）资料收集与分析：包括光照、水分、温度、风、土壤、水电、通信、交通、自然植被、社会人文环境等方面资料的收集，并对上述资料进行初步分析，对应形成种植密度、供水设计、土壤改良、电力通信、道路网络布置、开垦、机械化自动化构思、用工交接、防护系统等初步构想。

（2）现场踏勘核对：精勘边界，为边界关键处精准设计服务，也为果园设施设计安排服务；精勘周边交通道路情况，为设计园区道路入口及整个园区道路布局服务；踏勘电力、通信情况，为联通电力、通信设计服务；踏勘水源及排水情况，为供排水服务；踏勘地形地貌，为道路设计、生产设施及梯带设计等服务；踏勘园地附着物，包括植被、树木、坟地等，为清园服务。

（3）绘制规划设计图：主要包括园地红线图、生产设施布局图、道路系统、电力系统、供排水系统、生产区布局导向内容等，具体施工执行各小项规划设计。小园可用规划设计草图，大园可由专业公司做规范设计图，具体设计内容包括道路系统规划设计、排灌系统规划设计、供电系统规划设计、防护系统规划设计、梯带规划设计、生产用地（小区）规划设计、生产设施规划设计、种植规划、土地改良规划、清园规划、整个道路设计交通建设等，田地面积控制在10%左右。

1. 道路系统规划设计

园区道路主要包括主路、干路、支路和作业道，它们联合互通组成路网。路的大小、密度、路面建设按要求根据用地规模、投资预算、地形地貌具体情况而定。在节约用地的前提下，总设计原则是方便运输、机械化、排水方便。

入园路是指连接外界交通网点到场内的道路，因大部园区要建设在丘陵山地，交通不便，往返入园路建设要租用土地，所以入园路规划设计是道路系统建设中最重要的一环。入园路规划以距离短、建设成本低为宜，路面宽5～6米，路基要坚固，路面硬底化，路边设排水沟。

（1）主路（图4-2）：指由场部通向各大作业区的道路，一般为单车道设计，路面宽3～4米，路面平坦，路面铺碎石块防滑、防摔，可互通主干路及支路，担负园内大型运输功能，可通大型车辆。规划上要求平地坡度不超过10°，绕山地园区坡度不超过5°，可在坡脊线呈直线规划。低山相对高度不超过15米，可沿山脚规划，坡度大，高山可规划绕山顺坡设计，坡度不超过5°，往山沟处微倾斜，靠边修排水沟，在山沟处理给排水问题。

图4-2 主路

（2）支路（图4-3）：指主路通向各作业区的道路，以连通主路及作业道，担负小型运输功能及供耕作机械使用。规划上平地或缓坡地（小于5°）顺坡每50～100米、横坡每50米修一条；山坡果园则横坡每25～30米修水平向山沟处微斜道路，顺坡可每30～50米修斜路连接或用作业道连接，供拖拉机、三轮运输车使用，路面应平整且宽度一致，排水效果应好。

图4-3 支路

（3）作业道：指连接行与行之间的作业通道，主要用于工人作业时的行间行走和行间货物运输，一般每20～30米规划一条，并建设在缓坡处。设计上可在两株间多留1米空间，为方便行走，有坡床的要修梯级。园内便道和斜坡梯带设计还要考虑排水方便，梯带设置成斜坡式且外高内矮，充分考虑水的排放，设置专用积水流淌水渠或沟壑，防止积水漫过、冲塌梯带，又可防止水土流失（图4-4、图4-5）。

图4-4 作业道和斜坡梯带设计

图4-5 园内不合理设置排水导致滑坡

2. 排灌系统规划设计

合理、完善的排灌系统主要包括水源、供水管道（渠）、输送和排泄管道（渠）、供水设施等。水源是解决生产用水的关键因素，主要有天然水源和人工水源（图4-6、图4-7）。天然水源是指园区附近的河流、水库、山塘、鱼塘等，利用天然水源的规划关键在于采水点的选择。采水点应选择近蓄水池建设的地方，并尽量使用附近电源。人工水源包括蓄水池和深水井，蓄水池规划建设除了考虑土地性质外，还要考虑集雨能力和藏水性能，面积和大小则以能供应全年生产需要、满足早春用水需求而定；深水井则选择在地下水源充足的地方，数量和深度应根据用水需求及地下水量而定。

图4-6　园内天然水源

图4-7　园内人工蓄水池

（1）抽水系统（图4-8）：抽水系统包括抽水水房、水泵和抽（输）水管道等。抽水泵一般建在离水源10～15米，与水源平面高度差不超过9米的地方；泵房面积可大可小，一般建设10平方米以上，如果兼用于避雨或工具房，可适当增加面积；深水井泵则不用建设泵房。房屋一般建设在主路和主干路旁，以方便使用和维修。管道口径根据水泵口径而定，管道材质宜用PVC等供水管，管道主要露天按直线安放，尽量减少转弯连接，以提高抽水效率。蓄水池宜选择自落泵或离心泵；3000～5000瓦，口径50～90毫米。深水井应选择潜水泵抽取，口径、瓦数视实际情况而定。

图4-8　电动抽水系统

（2）供水系统（图4-9）：供水系统包括蓄水池、加压过滤系统、输送管理系统。蓄水池应建在水源附近和供水区域最高点，水源足、可连续出水的地方；可建设小水池，每百亩约50立方米即可。在不可连续抽水的地方建大水池，每百亩需要建设80～100立方米。永久性水池用水泥、钢筋及沙砖建设，底下铺钢筋、水泥，四角倒制竖柱，周边每隔2.5～3米制立柱，四边砌墙砖，用水泥抹平墙面，规格一般高2.5米，长和宽根据建设情况和具体地形而定；临时性水池是挖土窝加覆盖防水薄膜建设而成。

图4-9　智能水肥一体系统

①加压过滤系统（图4-10）：为提高灌溉效率，在输出水池接出管与供水管连接处之间安装加压水泵，水泵功率2000～3000瓦，口径根据主水管大小而定，过滤部分安装在加压泵后面，过滤器根据整个灌溉系统要求而定，滴水灌溉管道施肥要使用过滤系统。

图4-10　加压过滤系统

②输送管理系统（图4-11）：由主管、分管等部分组成。主管是连接压力系统与分管的部分，一般选择较短距离；分管是连接各

分管和安装喷淋接口的部分。设计铺地面或挖沟安装PVC材质供水管，直径50～110毫米；分管主要分布在主作业区域，为方便机耕建设，挖沟埋装PPT材质供水管，直径50～70毫米。用于淋灌使用的管道系统可不安装分管。分管要排在行间，按照低喷淋方法的不同，分别采用软管或皮管。

图4-11　输送管理系统

③喷淋排水系统（图4-12）：园区排水系统布局相对简单，主要是把局部水相对集中排放，并保证低洼地不积水，排水灌溉系统整个设计规划用地不超过1%；喷淋器是管道系统最后的出水部分，滴灌软管可直接接近树冠范围，也可利用管道打孔安装调压滴头进行灌溉。

图4-12 喷淋排水系统

④喷灌系统（图4-13）：为节省劳动力，提高灌溉效率，做到及时防治病虫害，园区灌溉系统包括喷药池、加压泵、管理系统。喷灌池应建在蓄水池旁，可以与蓄水池同步建设。分组喷药池宜建两个砖水坑结构，池高不超过1.5米，容积1~1.5立方米，池内用50厘米刻度容积标识，采用喷药专用加压泵，可与供水系统共用泵房安装。管道采用PVC材质，坡度不超过15°，喷药管道与供水主管、分管应进行同步同线路安装。在支路各个工作行安装露天接头，方便与喷药软管连接。

图4-13 化橘红基地灌溉系统

3. 供电系统规划设计

园内供电系统围绕接入点，包括生活用电、生产用电、供水用电等（图4-14、图4-15）。遵循线路短设计原则，有条件的场地使用主相电，线路安装要安全规范，电杆高度、电线直径按使用功率和电线材质而定。

图4-14　园内供电系统

图4-15　化橘红基地供电系统

4. 防护系统规划设计

防护系统主要包括围园部分和监控部分。围园部分主要是明晰界线，防纠纷和人畜破坏。围园可采用植物围园和围栏围园两种，植物围园可采用围园簕、剑麻等有刺植物，必须在园地内挖0.6~0.8米的深沟，防止围园植物与果树抢肥；围栏围园需高1.5米以上，不超过2.2米为宜，可用水泥柱、三角铁镀柱，每柱距离不超过3米，可采用带刺铁丝网拉围园；也可视情况用现成材料围园。监控部分主要设置在路口、关键路段、场部、加工厂、仓库等地点，设备应采用无线远程监控模式，必须配备防雷设施（图4-16）。

图4-16　园区防护监控系统

5. 梯带规划设计

山地果园必须建设梯田，以保持水土与方便整理和运输（图4-17）。梯带规划宽度主要考虑坡度和机耕性，一般3.5~5米缓坡山地（10°以下）可修4~5米；陡坡山地（15°以上）可修3.5~4米；建设梯带长度以小区规划为准，不超过100米；梯带等高线建设要向集中排水沟微斜（不超过10°），梯带要开带形的内沟（每节宽1米、深0.5米，泥墩0.3米）；种植穴挖在离梯带1/3处的地方。一般要求离其中一边有2.5米以上的距离，以方便使用机械耕作，距离根据亩植株数而定，一般3~5米，穴大小根据可回填的有机肥种类而定，一般长、宽、高以0.6~1米为宜。

图4-17 园区梯带规划设计

6. 生产用地（小区）规划设计

小区划分根据实际地形、地貌而定，以利于水土保持、排水灌溉、土壤耕作、栽培管理、交通运输为准。要求每小区都能通水、通路、通喷药。山地、丘陵可按山头或坡向划分小区，小区形状为近带状长方形，长边为等高线，随地势向等高线方向弯曲；平地小区的长边应与有害风向垂直；长边与短边的比例以2：1或3：2为宜，每小区以30～45亩为宜（图4-18）。

图4-18 化橘红种植基地规划

第五章
苗木繁育与管理

由于化橘红道地药材的特殊性,目前主要育苗方式为嫁接育苗和圈枝育苗两种,即无性繁殖。该繁育方式可以保持良种化橘红的种性且育苗时间短,符合化橘红产业规模化生产需要。

一、嫁接育苗

嫁接育苗首先要培育实生苗作为嫁接砧木,需要经过种子采收保存及处理、苗木管理两个环节。

(一)实生苗培育

1. 砧木种子采收及处理

10月,选择长势壮旺、高产稳产、优质、抗逆性强的化州柚(或本地柚、酸柚、野生柚等)母树进行采种,从母树上摘取近成熟或成熟果实,挑选饱满、均匀、质较硬的种子洗去果实外表的黏质,在通风干燥处阴干,防止发霉,阴干后可以立刻播种或将种子干燥后保存于翌年春播。

2. 砧木苗管理

砧木苗管理可使幼苗获得较好的水肥条件以便快速进入嫁接主要步骤:苗床准备—播种前种子处理—催芽及播种—幼苗管理。

(1)苗床准备:选择比较湿润、肥沃、富含有机质的土壤及阳光充足的地方。提早准备育苗基地,挖翻土壤,让其充分风化、熟化,拣净树根、杂草,然后施足禽畜粪肥或土杂肥等基肥,深耕细耙整平,整成宽1米、高20厘米的畦,每畦间隔宽50~60厘米,方便后续移苗种植,有条件的可以采用基质和容器播种。

(2)播种前种子处理:将干燥好的饱满种子放进40 ℃左右的温水中浸泡6小时,取出晾干至不滴水状态,用0.1%高锰酸钾浸泡种子10分钟,洗净,再拌以草木灰。

(3)催芽及播种:可在沙床催芽后进行播种,也可直接在土地上播种。沙床上的种子发芽受到环境因素带来的影响较小,便于统一管理,将干净的容器装好湿沙子,湿度为手握沙子成团,轻压即散的状态,将处理好的种子按1~2厘米间隔一个个排列于沙床上,播后覆盖薄土(不超过1厘米),其间保持沙床湿润。当胚根露出大约1厘米后,移入苗床或育苗袋中。

(4)直接播种:将处理好的种子直接在整好的畦面上以行距20厘米沟播或穴播,穴播每隔10厘米点播1~2粒种子,播后覆盖薄土(不超过1厘米),保持苗圃湿润(图5-1、图5-2)。

图5-1 撒播育苗

图5-2　开畦育苗

（5）幼苗管理：种子播种后7～10天露白，14～20天破土出苗，在幼苗长出3片叶时，对土地上直播的幼苗进行间苗，去弱留强；穴播的每穴留壮苗1株或将幼苗移入规格为10厘米×12厘米的育苗袋中。同时，将主根截断，促使侧根发生，温度较高时遮盖50%遮阳网，移植后淋透定根水，露地栽培则无须进行处理；待树苗长到15～20厘米高时提高树体的营养，对树苗进行适当修剪，使营养集中于树干处，结合肥水管理和病虫害防治。

（二）嫁接

嫁接育苗会受到树龄、砧木、接穗品种的影响。不同的嫁接砧木对化橘红的药用成分含量有明显影响，相关研究表明，不同砧木嫁接培育的化橘红黄酮类成分含量有显著变化。因此，采用嫁接育苗，要根据接穗品种、种植基地的情况，选择适宜的砧木品种，目前主要采用本地柚、酸柚等品种为砧木，以期培育出高品质的化橘红种苗，提高化橘红的有效成分含量。嫁接是目前比较高效的育苗方法。砧木和接穗的选择、嫁接时间的选择对嫁接成活率影响较大，用到的工具包括嫁接刀、剪枝剪、塑料薄膜条等。

1. **砧木选择**

砧木的大小、生长情况对嫁接的成活率影响较大，一般以一年生长健壮、嫁接部位直径达到0.7厘米为佳。

2. **接穗选择**

应选取生长健壮、结果性状优良的成年结果树取接穗，接穗一般是充分老熟的一年生枝条；嫁接后，接穗愈伤组织的形成与成活率高度相关，要选发育比较好的芽作接穗。处于休眠状态的芽，嫁接后容易成活；芽呈萌发状态，嫁接后自身养分和水分消耗过快，此时接穗尚未与砧木愈合，不能从砧木中得到补充，不久便会死亡。

嫁接前后技术要点：嫁接前1周以内不要对取接穗树和砧木进行修剪，嫁接前1~2天内将砧木园充分灌溉。露地苗圃要及时排水。在冬季进行嫁接，2个月左右可长出健壮的嫁接苗，且成活率高（图5-3）。

图5-3　袋杯壮砧冬接株可出壮苗

3. 嫁接时间选择

嫁接时要求砧木处于生长旺盛期，且嫁接口直径达0.7厘米，时间以9—11月比较适宜。此时气温较高，树液流通，有利于接穗和砧木的愈合，提高成活率。但在雨天和风干、热风时不宜嫁接，嫁接成活率低。相关资料显示，25℃左右适宜树种愈伤组织的生长，但超过30℃，高温会加剧水分蒸发，反而会降低成活率，将湿度控制在80%～90%有利于切口处的植物组织生长。

4. 嫁接方法

合适的嫁接方法可以使嫁接的成活率提高，主要有以下方法。

（1）腹接法：嫁接部位一般选择在砧木苗的中间部分，距地面15～20厘米，于芽眼处向下切削接穗，长度为5厘米的长斜面；在其背面再切削1个短削面，切削面要求平滑。每个接穗留2～3个芽子，然后在接穗上方用塑料薄膜条密封，把切削好的接穗放到盛有清水的水桶里，当天接完。砧木操作要领为对砧木进行弯砧，选取砧木上背阴处离地20～25厘米光滑部位，用刀在砧木上下斜切一刀，长约4厘米，在3厘米处倾斜切去，留约1厘米的小门，待接穗成活萌发新梢后再进行剪断砧木；嫁接时，把切削的接穗长削面朝内放入切面内，接穗下端短削面与砧木切削面接合，把接穗、砧木的形成层对齐，削起的砧木皮贴住接穗背面，用塑料薄膜条缠紧。

（2）切接法：切接的接穗可用多芽或单芽，采用多芽接穗的称"多芽切接法"，优点是成活后接芽萌发快，苗木成长迅速，对萌发的新梢除选择1个生长健壮的保留外，对其他新梢进行摘心处理。嫁接前1～2天对砧木灌透水，砧木切削方法与腹接法相似，以切削到形成层为度，在砧木切削面的上部将砧木平剪，断面要光滑，切口选在砧木光滑的一侧。将接穗插入砧木的切削口内，用塑料薄膜条缚扎结实，砧木的顶部用塑料袋把接芽和砧木套在里面，起到保温、保湿、提高成活率的作用。

（3）靠接法：把接穗的品种栽在砧木旁，嫁接时把砧木和接穗一侧互相紧靠，然后各削一光滑削面，将削面和形成层紧密对齐后，用塑料薄膜条绑扎严密即可。等接口长到完全愈合，接穗也开始继续生长，需要剪断接口以上的砧木和接口以下的接穗，即可形成新的嫁接植株。

5. 接后管理和起苗

幼苗拼接后，一般1个月左右长出苗，管理正常的话，一般3个月左右第一次梢老熟，及时施肥后，半年内可以二批梢老熟，苗子高度80厘米左右即可以出苗。在容器育苗的幼苗可直接连育苗袋一同起苗，若是4月前起苗的话不需要剪树叶，4月后天气干燥，蒸腾作用旺盛则需将大叶部分剪去，以减少柚树体内本身的水分；栽种在露地上的则需要判断植株生长土地情况，太干或太湿都需要进行相应的措施，如浇水或排水以保持树体内部水分平衡；选择生长活力好、适合移栽的幼苗做好起苗前准备。起苗方式有两种，一种是用起苗器将柚树树体带部分泥球带起；另一种是用泥浆浆根的方式，用保水剂和生根粉混合黏性较强的泥土搅拌成浓稠泥浆后，将起苗后的树苗根部浸泡在药水和泥浆混合物中1~2小时。此过程是边起根边将根部浸泡在混有药液的泥浆中，之后用草帘、麻袋、干净肥料袋和草绳等包裹绑牢根部，放到阴凉处晾至过夜，以便泥浆中的药物被树苗吸收，包内填充保湿材料，以达到苗根和苗茎不受损伤为准，以每包20株为一捆，用包装纤维绳包扎好，并挂上标签。

二、圈枝育苗

1. 母株（材料）的选择

选择生长健壮、产量稳定、果实综合性状良好的母树，以主干粗短，枝条短壮，生长良好，无病虫害的1~2年生、直径1.5厘米以上健壮枝条作为圈枝繁殖材料。

2. 圈枝时间

四季均可进行，一般以春季2—4月"随花驳，随果落"或秋季7—8月较好。

3. 圈枝操作技术

在枝条基部10～20厘米的部位，作环状剥皮，剥皮宽度4～5厘米，深到木质部，在其间纵割一刀，将两割口的皮剥除，刮净木质部表面的形成层或裸露数日，再用湿润的苔藓、锯木屑或培养土等保湿、生根填充材料包覆伤口。目前常用黄泥、草木灰、过磷酸钙200：1：1加水适量，调成稠泥浆，然后用浸泡3天的稻草放于泥浆中，做成中间大、两端小的稻草泥条作为生根基质，以上圈口为中心，拉紧泥团表面充分搓揉，外围用塑料薄膜、棕皮、油纸、剖成两半的花盆和竹筒等包裹保湿，下端扎紧，上端留孔，以利通气和灌水，两端用绳扎牢。若薄膜内积水，应从下侧打孔放水，以防烂根（图5-4）。

图5-4 压条育苗扩繁

4. 圈枝后起苗

空中压条苗待充分发根后，剪离母株，带土栽入盆中，放置在阴凉处养护，待大量萌发新梢以后再正常培育，生长状态转好后进行移栽。

第六章
栽培管理技术

栽培管理技术主要包括定植管理技术、幼树管理技术、结果树管理技术、老果园改造技术、化橘红果采摘管理技术等内容。

一、定植管理技术

1. 种植密度

化州柚属中小型乔木，寿命15年以上，冠高5～8米，冠幅4～6米，商业栽培一般将树体高度控制在3米左右。考虑早期产量和生长周期，园区一般采用疏行密株的种植规格，平地、缓坡地园区建议4米×5米，山地建议3.5米×6米。

2. 种植管理

（1）种植穴准备：按照种植规格，挖长、宽、高均为0.8米的穴。挖好穴后底层土放表面，使其风化干燥2个月以上；2个月后，把深土、植被、枯草、花生壳回填在穴底部，堆沤腐熟有机肥与穴泥混匀回填到穴与平地平整高度；混有少量有机肥的表土放在穴地上部，泥堆回成半圆形或四方形，高于地面50厘米左右。

（2）开穴种植：种植穴经大雨或灌水坐实后，回填补平后开小穴种植。小穴宽度20～30厘米，以能放下营养袋或能把浆根苗根条充分展开，深度以种植后嫁接口高于地面30厘米为宜；种植容器苗，种植前应去掉袋子，用手扶正苗木后压实；植后即充分淋透水，防止根条裸露，并对树盘进行覆盖。

3. 种植后管理

（1）树盘覆盖：为了防止表土板结，保持幼苗根系水分相对平衡及稳定，可在树盘覆盖稻草、植被杂草等，也可用花生壳、木梢等植物加工后的松软材料，还可用防草布、遮阳网等覆盖。如果种植的是非容器苗，由于在移栽过程中根系会受到损伤，植后应配合淋水、加淋生根剂，辅助根系修复和促进根系生长。可选择使用吲哚丁酸、海藻酸、有机腐熟氯磺酸等生根剂。

（2）淋水、淋肥：种植的幼苗，要保持根系水分含量不低于30%，在无雨的情况下，种植后1个月内，每2~3天淋水一次；种植后2个月内，可以7天左右淋水一次。第一次淋水，除加生根剂，还可加多菌灵等杀菌剂，减少病菌对根系的感染；定植30天后，可用10%尿素水或藻麸水为新植苗补充营养，待第一枝梢老熟后可用3%复合肥水加藻麸水补充营养并为抽发第二枝梢做营养储备。

（3）补苗：种植后2个月内，即可判定是否成活。对不成活的种植穴要及时补苗，以保证橘园整齐。

（4）病虫害防治：种植的化橘红幼苗，要及时防治柑橘潜叶蛾和金龟子等虫害。柑橘潜叶蛾世代重叠，新植树抽芽参差不齐，喷药要求以株为单位，以含氟菊酯类药为主，且注意轮换使用。金龟子一年发生1代，5月上旬至7月上旬为成虫盛期，成虫有趋光性和假死性，可安装黑光灯诱捕，也可用敌百虫等有机磷药剂在下午喷树冠及树盘周边杂草来防治成虫。

（5）除草：树盘内的草要用手拔掉，或结合树盘松土用的锄头轻轻除掉，除草后要恢复覆盖，树冠外的杂草可用机械或化学除草剂清除。

二、幼树管理技术

幼树期（童期）主要是要加强树体营养、合理修剪、培养健壮的树冠骨架和良好的根系，培养好辅养枝，留出足够的内膛枝，尽量缩短果树的童期，使其及早进入结果期。幼树管理主要包括枝梢培养、树冠整形、树冠下管理和土壤管理。

1. 枝梢培养

枝梢培养是幼树管理的中心环节，为早产、丰产树冠形成奠定基础。做好枝梢培养工作，一年生树（春梢）可放梢3～4次，二三年生树可放梢4～5次。须注意三点：一是水分控制。排水条件好的土壤需保持土壤水分50%以上，除幼苗期特别注意外，种植6个月内保证每10天淋水1次；以后3年内视干旱情况适当淋水（含雨水）。二是肥料施足。第一年以勤施薄肥为原则，做到一梢两肥，即新梢芽萌动时施促梢肥，转绿时施壮梢肥，每次用量每株30～50克，将肥料冲水后淋在树盘内，雨季可在雨后撒施在树头周围，壮梢肥以有机肥为主，新梢转绿时可使用人畜粪便或花生麸加过磷酸钙沤制的腐熟液体肥稀释4～5倍，在树盘内每株施2.5～5千克；定植后第二、第三年做到一梢一肥，壮梢肥、促梢肥一起施用，在转绿后萌芽前施肥，每株施化肥（尿素或复合肥）50～100克，30%腐熟的液体肥5～10千克，在树冠滴水线内开盘状穴或开半月形沟施肥。三是病虫害综合防治。幼年橘园主要做好柑橘黄龙病、溃疡病及柑橘潜叶蛾、柑橘红蜘蛛等主要病虫害的防治，防治虫害要做到一梢两药，即在抽芽3～5厘米时喷药一次，5～10厘米或全树萌芽时喷药一次，一年生至三年生树要根据每株树芽期喷药，特早、特晚的抽梢单独喷药。除新梢期喷药保护外，第一年金龟子防治，第二、第三年柑橘红蜘蛛、介壳虫等防治，也是保证枝梢正常生长、结果枝形成的主要工作。

2. 树冠整形

整形是促成早结丰产树冠的重要措施之一。化州柚顶端优势强，自然生长枝条直立，分枝少，多数以春梢为结果母枝，除美洁、黄龙等少数品种可顶梢开花结果外，大部分品种只能依赖内膛枝开花结果，因此，幼树果园既要培养矮化开心形树冠，又要培养足够的内膛枝条（图6-1）。幼树整形修剪有两种方法：一是渐进型整形修剪；二是手术型整形修剪。

（1）渐进型整形修剪伴随幼树整个生长过程，主要措施包括摘心、拉枝和疏枝等。摘心是控制树的高度和促进分枝扩大树冠的重要措施,因春梢多而短,冬梢不长,一般不用摘心处理,所以摘心主要是针对夏梢、秋梢。摘心方法有两种,一是在抽叶6~8片时摘除梢的生长点,二是梢自剪后在抽生6~8片叶时采用枝剪集中剪除。拉枝整形主要针对二三年生的树,对枝条少生长,离弯曲处30~40厘米处直立的强枝进行强拉弯处理,拉时用扎绳拉住枝条,人工助力枝条弯曲,绳的下端固定在反向斜插的树桩上。对扰乱树形的交叉枝、枯枝和病虫枝,主要采取疏枝的方法,从枝梢基部直接剪除。渐进型整形修剪的优点是树木枝条均匀、树形好,但内膛枝可能不足,且人力成本较高。

(2)手术型整形修剪是指第一年任其自然生长,在第二、第三年把夏梢、壮枝全部剪除,促使大量秋梢萌发。具体做法是在晚秋梢萌发前,在夏梢茎部剪断,然后收起集中处理。手术型整形修剪的优点是省人工,树冠矮,内膛枝较多,缺点是树冠成形慢。

图6-1 幼树枝梢树冠培养

3. 树冠下管理

树冠下管理是幼树管理的常规工作，主要目标是培养良好的根系生态环境、发达的根系。主要包括：土壤改良和中间除草两项工作。

橘园除草、施肥是橘园幼树管理中用工最多的环节。一是人工除草，主要借用锄头、镰刀清除或者手拔除杂草，操作时树头周围的杂草用手拔除，以免碰伤树头引起流胶，其他地方的杂草可借助生产工具进行。此法可在一年生果园及树盘除草使用。二是药物除草，用打药机或喷雾器喷除草剂把杂草杀死，操作时宜采用草铵膦等除草剂，宜在杂草开花前进行，每年不超过2次，以减少药物对幼树的伤害，喷药时要避免药物接触到树体。三是机械除草，包括翻土除草和割草机除草。翻土除草利用旋耕机在杂草不超过20厘米、土壤湿度50%～60%时进行。割草机除草则要选用合适的机型，在杂草生长至30～40厘米时进行，适合在有机耕种、坡度较小的橘园进行。四是防草布除草，可采用树盘覆盖和全园覆盖两种方式。树盘覆盖是用1.2米×1.2米的防草布，布中间开20～30厘米方形孔洞，以小苗为中心铺在苗木周围，四周用专用地钉固定，也可用0.6米×1.2米两块布拼接，树盘覆盖用于恶性杂草量不大的橘园，与人工除草结合效果更佳。全园覆盖是用防草布或地膜在树的两旁各铺一幅，防草布用专用地钉固定，地膜中间用石块或泥团固定，全园覆盖多用于平地及恶性杂草较多的橘园。五是以草除草，指通过在果园种植根系浅、对杂草有抑制作用的良性草，以此控制恶性杂草生长的除草方法。培植良性杂草有两种方法：一是自然培植法，在良性杂草较多的橘园，把恶性杂草用人工方法除掉，保留良性杂草，经2～3年循环操作，可形成自然生草的橘园；二是种植良性草种，在雨后播种在工作行间，此法一年内可形成良性杂草橘园，主要选择百花草、藿香蓟、柱花草等，种草容易生长，不但能控制恶性杂草生长,还能为病虫害的天敌提供良好生态环境。该方法还可增加肥源,提高土地有机肥含量。

4. **土壤管理**

植物的根系,一般在12 ℃以上时开始生长,23～31 ℃时生长和吸收活力最好,37 ℃以上根系生长微弱,甚至停止生长。根系在土壤含水量60%～80%时生长最快,低于40%会出现缺水症状,超过80%会降低土壤空隙率,导致氧气不足,产生硫化氢、氧化亚铁、亚硝酸等有毒物质,使根部受害。根系要求土壤疏松,土壤空气中含氧量8%以上时根系生长良好,2%以下停止生长。整个土壤管理围绕创造良好的根系生长环境进行,措施包括土壤改良、合理施肥、土壤保水等方面。

(1)土壤改良:主要包括翻土回青、改良土壤恶性杂草。在杂草开花前用机械翻土压草。用填充料改良土壤质地可用塘泥,黏性强的土壤可结合使用其他有机肥加入木糠等挖沟穴来伴施。施有机肥改良土壤,在树盘外开圆形穴或者方形穴、半月形穴,深20～40厘米,拌有机肥回填,如此周年重复改土。改土时间,第一年可选择在冬季、春季进行,二三年生树可选择在夏季、秋季进行。

(2)合理施肥:有机肥周年可使用,释放较慢,一般在12月至翌年1月施肥。水溶性肥则要在旱季或缺雨时段施肥,可选择高腐植酸的低磷、氮、钾肥。施肥种类的选择,改土肥选择畜禽肥加磷肥堆沤烂,磷肥为有机肥的1/4,水肥可用猪粪水加麸类磷肥沤制而成。化肥则在第一年以氮肥为主,第二、第三年氮钾肥配合使用,或使用低磷复合肥。施肥量因土壤肥力、橘树生长情况不同而不同。一般一年生橘树用畜禽肥10千克、氮钾肥0.5千克即可。二三年生橘树用畜禽肥1千克,加麸肥1～1.5千克、氮钾肥1～1.5千克即可。

（3）土壤保水：保水除了用地布、地膜、遮阳网外，也可用玉米秸秆、杂草、稻壳、花生壳等覆盖树盘，覆盖厚度10～20厘米，覆盖范围大概是距树干5厘米至树冠滴水线处50厘米外。在干旱季节，应及时灌溉，特别是冬旱时节，每10天淋水一次（图6-2）。

图6-2　幼树浇水

三、结果树管理技术

化州柚种植3年后进入结果期，根据结果量多少可分为结果初期、结果盛期和结果后期。结果初期是植后3～5年，此阶段树体是由营养生长优势转向生殖生长优势阶段，栽培目的是让树冠营养生产与产量兼顾，力求达到早结果丰产的目标。结果盛期在树龄5～10年，此期的果园营养生长与生殖生长相对平衡，此阶段的管理目标是增加产量。结果后期，果园郁闭、树体衰弱、生长结果能力降低，此阶段栽培目标是延长果树寿命，保持产量。

1. **促花措施**

化州柚的花芽分化期在10—12月完成，蕾期在1月下旬至2月底。影响果树生长成花的因素有很多，除品种之外，还有树龄、生长势和天气等因素，树龄越小，成花越难。老树也因抗逆性等导致有时开花较少，还有树体营养因素也会影响成花：树体营养太足，生长过旺，不利于花芽形成；营养不足，花质量差。气候因素是影响成花的重要外因，如冬季高温、多雨不利于花芽分化，春季低温、干旱不利于花芽萌动。促花必须围绕上述因子而采取相应的栽培管理措施。进入11月下旬之后，化州柚的管理工作重点是控梢促花。化州柚花芽分化期在10月下旬至12月下旬，包括从芽原基生长点转变成花芽，再到花器官分化完成时期。包括花芽发育（生理分化）和花器官发育（形态分化）两个阶段。控梢促花就是通过科学的管理措施，调控树体的营养分布，促使树体在花芽分化期不再抽生冬梢，如果冬暖多湿导致萌发冬梢，可选用松土晒根或断根、环扎、环割、人工摘除及化学药物喷施等方法进行控制。

（1）断根晒根促花：通过切断部分须根，减少树体对土壤水分养分的吸收，从而控制营养生长，在秋梢转绿老熟后的10月下旬开始，在树冠滴水线下开一条长1～1.5米、深25～35厘米、宽30～40厘米对称型环形的沟，暴晒一段时间根系，可在1月上旬结合施有机肥和固体促花肥回填。

（2）控梢促花：通过调控枝梢生长，保障树体有足够营养积累，满足花芽分化所需的营养条件，冬梢抽发会影响营养生长与生殖生长的平衡，生产上要采用各种措施控制冬梢的生长。对晚秋梢要喷施根外肥促使转绿，对11月后的冬梢要进行抹除，如不处理，则会造成花少、果少（图6-3至图6-5）。

图6-3　树冠未整形

图6-4　果树矮化控梢促花

图6-5 大树矮化移栽

（3）环扎促花：通过环扎减弱树体营养生长达到促花的目的。可在秋梢转绿老熟后的10月下旬开始，选择在主干或主枝圆滑部位，用直径1.3～1.6毫米的铁线绑扎一圈，并用铁钳拧紧，其厚度以铁线下树皮有水渍出现或铁线被嵌入树皮1/3为宜，扎好铁线后要在扎口周围喷施青霉素500倍液预防流胶病等病菌感染伤口，环扎后20～30天，当叶片出现褪绿现象即为有效，此时可把铁线解松，考虑到环扎对保果也有作用，对于肥水较多的果树可以在第一次生理落果后选择松绑。

（4）环割促花（图6-6）：原理与环扎的一样，但效果比环扎好，对树体伤害也较小。在秋梢转绿老熟后，10月下旬开始，用专门的环割刀，小树用1~2号刀，大树用2~3号刀，在主干或一级分枝相对平滑处环割1.5圈，每圈距离5~8厘米。以切断韧皮部，不伤木质部为宜，老树、弱树不能环割，也不能与环扎同时使用，环割时一人两刀，每环割一次用消毒液浸刀一次，割后一天内用春雷霉素500倍液喷洒伤口，预防病毒感染和流胶病发生。

图6-6 环割促花

（5）补充矿质元素促花：通过喷施利于花芽分化的营养元素或调节树体内源激素的药物，从而促进花芽分化的形成。药物促花在11—12月进行，可连续喷施2～3次锌、镁、硼等营养元素，有利于花芽分化，单一元素喷施浓度控制在3%，多种元素混合喷施浓度控制在5%以下，磷、钾是利于花芽分化的大量元素，可用含量98%以上的高磷、高钾液态肥稀释1000倍喷施。

（6）外施植物生长调节剂促花：外施植物生长调节剂可以有效控制植物营养生长与生殖生长的矛盾，对长势较旺的果园，使用细胞分裂素可以促进花芽分化。多效唑是赤霉素的抑制剂，能降低赤霉素等生长素在树体的占比，促进脱落酸含量增加，多效唑与烯效唑相比，多效唑作用时间长。可在10月底或10月初喷施15%多效唑300～500倍液，喷一次即可，过量使用多效唑会伤害根系并出现畸形花和畸形果；烯效唑作用是多效唑作用的6～8倍，一般不对根系、花果造成影响，但价格较高，作用时间较短。需要在10月底至11月底用5%烯效唑500倍液连续喷施2次，烯效唑应在青壮旺树上使用，弱树不能使用。

（7）水肥促花：是指在花芽萌动时水分能为树体提供足够的水肥，使花芽及时萌动，保证花的质量，为丰产打下基础。方法是在1月上旬，用淋水或喷水的方式向树盘补充水分，让树叶持续复绿。在大寒前后可采用淋水的形式为树盘周围土壤补充水分，一般淋水渗透至地下60厘米以下。施肥以速效肥为主，可用易溶复合肥。最好用硝酸复合肥；施肥在小寒、大寒之间施下，复合肥最好冲水淋湿，也可沟施、撒施，用量为每百斤果树用1～2千克，施肥后必须淋水，使肥料充分溶解，方能有利于根系吸收。

2. 保果措施

化橘红的花为总状花序，为完全花，一般需要异花授粉，花朵较大，花枝较长。花期在2—3月，盛花期在3月中旬，容易遭受低温阴雨天气影响。同时，其花会遭受柑橘花蕾蛆、灰霉病等病虫害为害，从开花到抽梢约需60天，其间至少经历2次严重的生理落果，第一次生理落果在谢花后，主要是受粉不完全的假果落果，其特征是小果带柄脱落，第二次生理落果是在谢花后20天左右，此时没有梗脱落。针对2次生理落果，主要的保果措施有疏花保果、控梢保果、环扎环割保果、人工授粉保果、植物生长调节剂保果等。

（1）疏花保果：通过适量疏花减少开花对树体营养的消耗，保证果实生长发育营养的供给，从而达到减少生理落果的目的。疏花要根据具体树而定，保证一定的产量需要有足够的花量。其操作是花蕾在花生米大小时，分两批疏花，第一批是将弱枝花、花量大的摘除，摘除量占花总量在1/3左右；第二批是把第一批留下的花序前端和后结花蕾摘除，摘除后的花蕾为原总量1/2左右，摘下的花蕾柚皮苷含量高，比自然落花质量好，集中烘干可制作花茶。

（2）控梢保果：通过控制春梢的数量，减少春梢生长对树体营养的消耗，从而减少生理落果的发生。方法有两种，一是化学控制，在春梢抽发长3厘米左右时，用5%烯效唑500倍液喷淋，可以控制新梢的生长量。二是人工摘除，在春梢10厘米左右时，用带有剪刀的竹竿把树冠上部及外部的大部新梢清除，既可以减少春梢的生长量，又可以控制树冠直立生长。

（3）环扎环割保果：通过环扎、环割等措施减少树体营养向根部输送，抑制根系活动，减少根系对春梢生长的营养供应，从而减少春梢的生长量。在谢花2/3左右时用10号铁线如环扎促花一样，在主干或二级分枝上环扎，20天左右后松扎，环割可用1号专用环割刀对树体环割一圈，视果树情况而定，如需再次环割，则将新长的组织再次割掉，无论是环扎还是环割都需要清理消毒伤口，注意不能同时使用环扎和环割。

（4）人工授粉保果：通过人工授粉的方法提高化州柚异花授

粉的概率，从而减少第一次生理落果的数量，提高坐果率，其方法有喷施花粉水、人工授粉及辅助授粉。筛选经过疏花摘掉的开放的花朵，把先成熟开放的花集中起来，每200克鲜花用25千克水，用干净的容器或水桶装水，再把花倒入桶内，冲洗后用干净纱布把花粉液过滤到另一干净无菌的容器内，再加入10～20克优质硼砂（用热水溶解好）或用10%蔗糖水充分洗涤，洗出花粉，过滤后搅拌均匀即可向全树柚花进行雾状喷洒。注意不要直射花柱头，特别是其黏液，可以每隔1～2天喷一次，效果较好。挑选晴朗天气，果树50%以上花朵处于开放状态的时间，用1.0%～1.5%的新鲜蜜糖液或白糖水往有柚花的方向喷洒，在喷洒蜜糖液、开展人工授粉时或在开花期间果园多放蜜蜂辅助授粉，每隔1～2天喷洒一次，共喷3～4次即可取得较好的效果，此期严禁喷施农药，保护果园辅助授粉的蜜蜂等昆虫。开花期间，雨天摇树防积水沤花，旱天喷清水防高温烧花，对保果有明显效果。生理落果期，是化橘红一年中对水最敏感的时期，如遇干旱天气需淋水保持土壤湿润，积水则需及时排水。

（5）植物生长调节剂保果：通过外施植物生长调节剂或补充树体营养，从而达到保果的目的，其方法是将营养元素与植物生长调节剂混合使用，不同物候期用不同的配方。花蕾期配方主要促进花朵健壮，促进花管束增长，硼元素是该时期需要补充的重要元素：磷酸二氢钾500倍液加流体硼1000倍液。谢花期配方：在化州柚谢花2/3时，主要抑制脱落酸的形成，使用芸苔素内酯3500倍液＋腐植酸有机叶面肥500倍液；赤霉素20毫克/升＋核苷酸500倍液效果良好。谢完花2周后，使用0.01%蛋白质营养液＋芸苔素内酯3000倍液＋核苷酸500倍液＋磷酸二氢钾500倍液＋锌镁钼500倍液＋葡萄糖钛肥300倍液，保果效果好。

（6）其他保果措施：放蜂保果的原理是通过蜜蜂的采蜜活动传递花粉，提高授粉受精率，从而提高坐果率。在果园盛花期，每

10亩放蜜蜂1筐,可分片放蜂,每堆蜂直线距离不超2千米。放蜂前5天、放蜂期间橘园禁用除虫剂、杀虫剂。挂果较多的树可根据情况补肥,促进果实发育。花期病虫害较多,要结合施根外肥防虫、防病,果实发育期间不主张使用杀虫剂、杀菌剂,保花保果用药还需考虑中药生产的相关规定,确保果品质量安全。

四、老果园改造技术

现已建园或品种老化,或果园基础设施建设落后,导致产量低、质量差,效益不好的老果园,需要通过改造更新才能恢复及提高其性能,降低生产成本,达到提升果园种植经济效益的目标。

(一)高接换种

1. 良种选择

现在种植的正毛品种虽然果形正,毛密,毛长,烘干后果颜色好,但其坐果率低的问题难以解决,传统栽培品种金钱肚及凤尾稀少,烘干果颜色偏黑,收购价低且产量不稳定。西洋等同属正毛品种,盛果期产量比正毛高,但果毛偏少,烘干果实颜色差。目前可选择的良种主要有密叶,其早结、丰产、稳产,产量是其他品种的2~3倍,缺点是毛短,烘干果颜色一般,水肥管理不到位容易褪毛。黄龙品系,毛多,毛长,烘干果颜色沉,果成穗,部分可秋梢结果,进入盛果期后产量高,缺点是早结性较密叶差。尾结品种,毛多,毛长,烘干果黄,味道浓郁,果成穗,秋梢结果能力强,是值得推广的潜力品种之一。

2. 换种方法

采用回缩法换种,十年生以下的树木,将中间主枝在离地

1~1.5米处用锯除掉3~6枝，在主枝上采用大枝芽接；十年生以上果树，将中间主枝在离地0.8~1米处用锯除掉2~4枝，让其抽芽老熟后在新梢处嫁接，换种要做好防蚁工作，并做好肥水管理，换种后留下几枝原品种，不用割除，让其正常生产结果，以提高果园内受粉率（图6-7）。换品种投产，若所换品种投产后，原是优质良种也不用割掉，应根据实践观察换密叶等品种后，确保正毛可以同时增加结果量，但凤尾等副毛品种则应继续锯除，以增加良种结果比例。

图6-7　换种更新复壮

（二）回缩与间伐

现有果园为了早期丰产选择密植，导致封行严重，果园郁闭；还有部分果园因早期防虫、防病不到位，出现大量空心树和弱树，部分超过25年树龄的果园，除郁闭外，树体高大，衰退明显，对这些果园采取回缩与间伐措施，才能恢复成正常生产果园的能力。

1. 回缩的方法

青壮年树回缩，采用连续多年回缩法，第一、第二年每年去除2～3枝中间相对直生的主枝，增加树体光照率，提高光合作用以保障不因回缩而造成严重减产，第三年开始对株行交叉的树枝进行短截回缩，保证株行间通透，使果园能通风透光和方便管理。老树回缩一次性进行，根据树体分枝情况，将第三级或第四级中间分枝全部短截至离地面1～1.5米。让其短截的重分枝重新发芽以更新树冠达到丰产目的，回缩宜在冬、春低温季节进行，青壮年树短截可四季进行，回缩后要做好防晒措施，防止晒裂树皮，老树回缩前后要加强肥水管理，促进被锯枝抽芽。

2. 间伐的方法

对密集果园的间伐采用隔株间伐法和隔行间伐法两种方式，隔株间伐法适合坡度较大及疏行密植果园，隔行间伐法适合坡度较缓及株行距相近并可进行机耕改造的果园。果园间伐也可视情况分期进行，第一期留3株去1株，或留3行去1行，第二期在第一期恢复结果面积后，把留下的中间株或中间行间伐，以保证产量相对稳定。

（三）机械化改造

果园种植生产劳力成本高，管理机械化是未来果园生产的必由之路，由于设施化在本书化州柚果园规划设计中已有论述，且大部分果园配备水肥灌溉设施，但绝大部分果园只具备通路条件而不具备通耕条件，所以本章只讨论果园机械化改造。大部分果园规划建在山坡上，还有部分果园建设在陡坡山地上，要因地制宜进行改造，且配合农机工作，现提出机械化改造方案。

方案一：挖坡扩带改造，对采用宽行密株种植后的果园，小型挖土机在内坡挖入50～100厘米，使基带内侧有2米以上的宽度，能容纳小型挖土机、割草机等机械耕作，表土铺在树冠下周围，深土铺在树间和外围，整理成微倾斜梯带。

方案二：挖树取路，对密植或已封行的缓坡地、平地果园，结合间伐将占据道路的行间伐掉，把间伐留出的空间作为机耕作业通道。

方案三：修枝开路，对宽行种植果园，把工作机械作业通道的一边和低矮枝干锯除，让机械作业时能够通畅。

五、化橘红果采摘管理技术

《中华人民共和国药典》规定，化橘红是未成熟化州柚果实或橘红皮，科学研究表明，化橘红果主要成分为柚皮苷，越往中心含量越高，果核的含量最高，柚皮苷含量与果实大小密切相关，果越小含量越高，果越大含量越低（图6-8）。化橘红以单果结果为多，采摘不当会造成掉毛或烘干颜色欠佳，因此，正确的采果方式十分重要。

图6-8 密封保存不同大小的化橘红果实

1. 采收果实的大小

从制作药品质量和经营管理两个方面考量。根据茂名市地方标准DB 4409（2020年1月实施），分别以总黄酮含量≥5.5%，柚皮苷含量≥5%，野漆树苷含量≥0.2%为标准，根据化橘红果实发育中类黄酮、总黄酮含量的动态变化分析，野漆树苷、柚皮苷含量在谢花30天后快速增长，45天时增长缓慢，黄酮类化合物随果实增大含量增加，但果实干重的百分比急剧下降，因此，在保证一定产量的前提下，尽可能提早采收对果实的品质有益。结合收购商的收购习惯，一般建议在谢花后50～60天，果径约8厘米、单果重150克左右时采摘较好。

2. 采摘时间

果实水分足，果身硬，则容易损伤，烘干后出现黑斑果；果身湿度较大，烘干后果色也容易变黑。因此，采果时间最好选择在晴天或阴天，中午11:00以后采收为宜。

3. 采果方法

传统方法为用手摘，或使用竹钳夹、弯刀切，现在采果可用采果器、电剪、气压剪等。

4. 采后处理

按照一果两剪的方法，第一剪把果实从枝上剪下，第二剪再剪除突出的果柄，以免运输过程中造成机械损伤，导致烘干后出现黑斑果（图6-9）。

图6-9　加工工人挑拣出烘烤后的黑斑果和劣质果

5. 果实包装

果实宜用箱、筐盛放运输，因袋装运输果实容易造成机械损伤，果实采后未能及时加工的，可放置在阴凉处暂时存贮，注意要防止擦伤和雨淋，烘干后可进行包装（图6-10、图6-11）。

图6-10　采摘的果实用塑料袋密封保存

图6-11　化橘红果压果定型

第七章
病虫草害及其防治

病虫害是很多作物遇到的难题，病虫害防治应贯彻"预防为主，综合防治"的植保方针，坚持"以农业防治、生物防治、物理防治为主，化学防治为辅"的综合防治方法。按照国家和地方标准的规定，合理限定限量使用高效、低毒、低残留量的化学农药，禁用高毒、高残留的化学农药，将有害生物的发生和危害控制在经济阈值下。

化州柚的病虫害种类较多，病害主要是黄龙病、溃疡病、炭疽病等，虫害主要是柑橘红蜘蛛、柑橘潜叶蛾、柑橘木虱、柑橘蚜虫、天牛等。因此其防治必须做到一梢两药，抽芽3～5厘米时喷药一次，5～10厘米再喷药一次或在全园全部树萌芽时进行第二次喷药。幼树前3年期间主要防治夏梢，在果树芽期喷药，对特早、特晚抽梢的单独喷药，其他梢集中喷药，喷药通常采用复配，效果好又能减少施药浪费。

（1）农业防治措施：做好冬季清园，控制越冬病虫害基数是大部分投产果园的常规管理措施，利用冬季清园，可以清除园内的枯枝杂草，疏松表土，减少越冬的病虫源，减轻第二年的病虫害防治压力，还可使土层根系不断得到更新，增加地表水分的蒸发，人为地制造干燥环境，更有利于控梢。此外可以喷施清园药物，如波尔多液或石硫合剂、氧氯化铜等。在12月底前可以在地面撒施适量的石灰粉，主干至一级分枝用石灰水涂刷使树干变白可以起到杀死虫源、补充钙元素及改良土壤的作用，配方为生石灰（粉）10千克、食盐0.5千克、水40千克（图7-1）。此外，还有加强果园管理，健壮树体，增强树体抗性；科学施肥、合理负载；加强人工管理，进行人工抹梢，防治柑橘潜叶蛾、刮除虫卵、钩杀幼虫；清园翻土（图7-2），地面覆盖等措施均可防治病虫害。

图7-1　树体涂刷石灰水防病虫害

图7-2　清园翻土预防病虫害

（2）生物及化学防治：保护果园天敌，在果园株行间种植藿香蓟、白花草、柱花草、假花生等良性草种，建立有利于各类害虫天敌繁衍、不利于病虫草害滋生的环境条件；利用害虫自然天敌和虫生真菌控制害虫种群数量，如在日间温度25～28℃的晴朗干燥天气下，在田间释放管氏肿腿蜂，防治光盾绿天牛、褐天牛和吉丁虫等蛀茎害虫；人工释放巴氏钝绥螨；使用微生物源、植物源的生物农药防治，喷施球孢白僵菌制剂感染天牛类害虫使其死亡；使用BT、绿僵菌和病毒制剂防治吉丁虫、柑橘潜叶蛾和柑橘花蕾蛆等害虫；注意化学农药的科学、规范、合理使用，避开天敌对农药的敏感时期，选择对天敌无害或低毒的杀虫剂,要注意药剂的种类、使用量及用药时间,防止出现肥害、药害,严格执行农药安全使用规范总则(NY/T 1276—2007《农药安全使用规范 总则》),严禁使用禁用、限用农药;如高温干旱期,叶面施肥可在上午10:00前或下午5:00后气温低时喷雾,忌喷石硫合剂、油乳剂类的农药,以免灼伤果皮(图7-3)。

图7-3 智能施肥系统

(3)物理防治:在害虫出没的地方采用黑光灯、频振式杀虫灯、诱虫板及光电生物灭虫器等物理装置诱杀鳞翅目、鞘翅目、双翅目、半翅目等害虫。

一、常见病害及其防治

1. 炭疽病

病原 | 盘长孢状刺盘孢菌[*Colletotrichum gloeosporioides* (Pen z.)]属半知菌亚门刺盘孢属真菌性病害。

为害症状 | 表现为大量落叶、落果、枝梢枯死和树皮爆裂,严重时可造成植株死亡。

发病规律 | 采前的侵染菌量与病害发生有着重要的相关性,主要以菌丝体和分生孢子在病梢、病叶和病果上越冬,翌年春季,病组织上产生的分生孢子借风雨、昆虫传播,直接侵入或从气孔和伤口侵入。

防治方法 | 应加强以田间管理为重点的综合防治措施，预防为主、早期防治，通过加强栽培管理，如开沟排水、配方施肥、修剪枝条等方式减少炭疽病的发生和蔓延。在进行防治过程中筛选高效杀菌剂，关键时期加以化学防治，可选用40%苯醚甲环唑乳油3000倍液、30%吡唑醚菌酯乳油2000倍液，或两种药剂质量比1∶1混合物2000~3000倍液。反复使用相同成分杀菌剂会使病原菌产生抗药性导致防效下降甚至失效，使用复配杀菌剂和使用单剂相比较，不仅降低病原菌抗药性，且混配剂在同样的防效条件下还能减少各成分的使用剂量，减少对环境的污染，常见的复配杀菌剂有苯醚甲环唑与吡唑醚菌酯、吡唑醚菌酯与代森联、唑胺菌酯与咪鲜胺等药剂的复配。

2. 溃疡病

病原 | 柑橘溃疡病是化州柚的一种重要病害，由薄壁菌门黄单胞杆菌属地毯草黄单胞杆菌柑橘致病变种［*Xanthomonas campestris* pv. *citri*（Hasse）Dye.］侵染引起的细菌性病害。

为害症状 | 植株得病后产量下降，初期叶面和叶背会有粒状突起或黄色油渍状斑点，得病后在其表面形成黄色或褐色明显病斑之后形成更为严重的木栓化，病斑边缘有黄色晕环，枝梢和果实处病斑更明显，但无明显黄色晕环，可引起大量落果（图7-4）。

图7-4　溃疡病叶片受害状

发病规律｜溃疡病害是影响化州柚的产量和果品质量的重要因素。其中选药不当、用药单一、缺乏综合管理措施会导致溃疡病原菌的抗药性逐渐增强，从而使园区溃疡病暴发扩散。溃疡病主要通过（叶片、果实、枝条）气孔、皮孔、水孔或伤口侵染，果园的日常生产中，嫁接、修剪和喷灌等农事操作也能传播；远距离的传播，主要是通过带菌的苗木、接穗和砧木的调运来完成；昆虫传播是溃疡病菌传播的途径之一，柑橘潜叶蛾通过取食叶片形成的伤口也有利于病原菌的侵染；溃疡病主要侵蚀枝叶和幼果，尤其针对幼树。发病高峰一般在春梢萌发期（5月中旬）、幼果初期（6月至7月上旬）、夏梢（6—8月）及秋梢（9—10月）。

防治方法｜主要有化学防治、抗生素类防治、生物防治等几种方法。相关试验证明化学防治优于抗生素类防治，但是长期单一使用一种防治方式容易造成细菌抗药性增强，加重溃疡病的暴发。溃疡病的药剂主要包括铜制剂、锌制剂、农用抗生素类及生物制剂等，铜制剂包括有机铜制剂和无机铜制剂，有机铜制剂（噻菌铜、喹啉铜、噻霉酮和松脂酸铜等）与其他杀菌剂混配性好，且不会引起螨类增殖；无机铜制剂（氢氧化铜、碱式硫酸铜、氧氯化铜等）多为强碱性，不适于与其他杀菌剂混用，长期连续使用容易引起螨类、蚧类害虫的猖獗。对于溃疡病的防治，有相关学者进行试验得出较为适合的高效安全药剂：波尔多液（硫酸铜0.5千克、石灰1千克、水100千克）、72%农用链霉素可湿性粉剂2500倍液、46%氢氧化铜水分粒散剂1500～2000倍液、80%波尔多液可湿性粉剂650倍液、30%噻唑锌悬浮剂625倍液、47%春雷·王铜可湿性粉剂625倍液、6%春雷霉素可溶液剂800倍液、1000亿芽孢/克枯草芽孢杆菌可湿性粉剂3750倍液，以上药剂在发生病害时，对叶片及果实溃疡病均具有较好的防治效果。在实际生产过程中，应注意需交替轮换使用，以延缓溃疡病病菌的抗药性，施药时间在溃疡病发生初期进行第一次施药,间隔10天进行第二次施药,共施药2次后观察病害情况。溃疡病防治必须以预防为主,要点是防治柑橘潜叶蛾和防止大风雨后叶片伤口出现,受伤后应及时防病。

3. 树脂病

病原｜病原为柑橘间座壳（*Diaporthe citri* F. A .Wolf）,属子囊菌亚门间座壳属真菌,无性态为柑橘拟茎点霉（*Phomopsis citri* Fawcett）,是柑橘属植物遭受损伤或冻害后易发生和流行的一种真菌性病害,主要在枝条和树干上发病的称为"树脂病";在果皮和叶片上发病的称为"黑点病"或"砂皮病"。

为害症状｜初期呈现暗褐色或褐色油渍状病斑,有流胶现象（流出褐色胶液）并伴有酒糟气味;在高温干燥的情况下,树胶干了后病部树皮松裂、脱落,称为干枯;在病健部交界处,有一条黄褐色或黑褐色的菌带,使得导管被阻塞、输送组织被破坏,从而植株黄化甚至死亡。流胶和干枯两种类型的病部均可扩展到木质部,使其呈灰褐色,病部上可见许多小黑点（图7-5）。

图7-5 树脂病为害状

发病规律｜冻伤、机械伤、虫伤等可引发树脂病,在枝干、果实、叶片上均可发生。新生组织的幼嫩组织活力较强,在病部常形

成许多胶质黑点。该病菌丝的寄生性不强，必须在寄主生长衰弱或受伤的情况下，才能侵入为害，特别是遭受冻害的冻伤口易受侵入。

防治方法｜在种植前做好土地的勘察检测等工作，对园区的排水和土壤情况有了解，避开发生过病害的园区。坚持标准化种植，选用健壮合格的种苗；控制种植密度，避免深栽，防止嫁接伤口受到侵染；合理施肥，幼苗施用农家肥，成年树施用水溶肥、速溶肥；树体定期涂抹防护剂；严格消毒农事操作工具并防止创伤树体；加强巡查，及时阻断传染源；做好隔离防护工作。有条件的区域，在园区周边设置隔离网或种植防护林，形成缓冲带，严格落实园区出入检查，特别是在高温高湿的季节，要注意防止牲畜进入园区损伤树体。

加强果树管理，在修剪、采果过程中，每完成一棵树体的修剪、采果，将工具浸入10%～20%漂白粉液或1%次氯酸钠溶液中消毒3分钟，或用药液擦洗枝剪刀部3分钟再继续进行农事操作。工人农事操作的工具、手套、衣服和鞋类应有定点位置，并定期消毒处理。在农事过程中，尽量避免对树体造成创伤，减少在促花措施中使用环割、环剥等。若发现细小浸渍状点块应及时用小刀将小点块钻取放入密封胶带中，用利刃以钻口为中心划一个小十字，可以每周涂抹80%乙蒜素乳油100倍液、41%乙蒜素乳油50倍液、50%多菌灵可湿性粉剂100～200倍液、四霉素＋甲基硫菌灵混合药液、50%多菌灵可湿性粉剂100倍液、70%白方甲托可湿性粉剂100倍液等药液3～4次，将密封胶带中的浸渍状点块带出园区烧毁，在园区的活动轨迹内做好区域消毒处理。于春梢萌发期、落花2/3时和幼果期及时喷药保护，以防在叶片、果实上发生砂皮病或在树液开始流动时才进行防护。可选药剂有0.5%～0.8%石灰等量式波尔多液、50%退菌特可湿性粉剂500～600倍液、70%甲基托布津可湿性粉剂

800～1000倍液。

4. 流胶病

病原｜流胶病属疫霉属（*Phytophthora* sp.）和拟茎点霉属（*Phomopsis* sp.）感染的真菌性病害。

为害症状｜出现以皮孔为中心的瘤状突起，当年不流胶，翌年瘤皮开裂溢出胶液，发病初期皮层出现红褐色小点，表面生出大量梭形或圆形的小黑点之后病斑不断扩大，病部疏松变软，中央开裂流出露珠状胶液，流胶增多，发病后期病部皮层褐色且湿润，有酒糟味病斑延皮层纵横扩展，皮层下产生白色层病皮干枯卷翘，脱落或下陷，剥去外皮层可见白色菌丝层中有黑褐色钉头状突起，在5月上旬至6月上旬、8月下旬至9月上旬为侵染高峰期，流胶可导致主干输导组织坏死，叶片黄化枝条枯死，树势衰弱，流胶病和树脂病有些症状类似，但流胶病不深入树干木质部（图7-6）。

图7-6 流胶病为害状

发病规律｜栽培时栽植过密、园地湿度大、病虫害、冻害、不当农事操作、创伤和药害等导致爆皮流胶发生，主要侵染部位为主干和主枝；病菌可借风雨和昆虫等入侵植株体内。

防治方法｜合理选址，避免水田、低凹地；加强栽培管理，选用抗病砧木，注意园地排水，加强肥水管理，改良土壤，增强树体抗病力。在爆皮流胶处采用"浅刮深刻涂药法"治疗，先用刀将翘皮流胶刮除干净，再纵切达木质部的裂口数条，然后用甲硫·萘乙酸、腐植酸铜原液或20%丁香菌酯80倍液进行涂抹，每隔15天一次，连续涂抹2～3次。农事操作过程中，尽量避免在促花措施中使用环割、环剥等对树体造成创伤的方法，特别是在园区内喷洒除草剂时避免喷洒到树干上；树干涂白防病虫害，配合生物和化学药物防治，减少病虫害。可选药剂有50%多菌灵可湿性粉剂100～200倍液、80%代森锰锌可湿性粉剂600～1000倍液、70%白方甲托可湿性粉剂500～600倍液、25%瑞毒霉可湿性粉剂400倍液。

5. 脚腐病

病原｜脚腐病又叫裙腐病，是一种引发柑橘根颈部皮层腐烂的真菌性病害，主要为镰孢霉和疫霉。

为害症状｜主要发生在植株主干基部，栽植过深的幼树多从嫁接口发病，病斑大多发生在根颈部，病部皮部不定型，水渍状，腐烂有酒糟味，常流出褐色胶液。高温多雨季节病害更易扩散，天气干燥时病部干枯开裂，与健部界限明显，发病时与发病部位相应方位树冠易失去营养而黄化。

注意流胶病与脚腐病的区别，它们病症十分相似，需仔细辨别，以确保对症下药。脚腐病同样在高温多雨时发生，也常流出胶质，但与流胶病有所不同。脚腐病除线虫影响外，流出的胶质湿度大、具酒糟气味，而流胶病所流出的胶质更加黏稠。脚腐病初期多发生在根部基部，而流胶病初期在基部、主干、副主干、枝梢上均可发生；患病后连续干燥干旱，脚腐病病变部分会干裂，并与健康部分形成明显界限。在防治过程中，流胶病和脚腐病均可利用药物同时预防。但流胶病需要更细致的检查，脚腐病则需扒开病树的根颈部土壤进行处理，且处理的范围需要比流胶病的大，在涂刷预防保护剂的同时需要使用成膜的杀菌种衣剂（图7-7、图7-8）。

图7-7 流胶病

图7-8 脚腐病

发病规律 | 砧木选用不当，选择甜橙、柠檬、黎檬等易感病砧木嫁接；嫁接时操作不当，使用污染的器具；灌溉不当，果园采用滴灌技术灌溉抗旱和淋施水肥时，滴管出水口距离植株主干根颈部太近，根颈部皮层长期处于潮湿环境，导致植株抗病力下降，病菌活性增强，病菌通过嫁接口和伤口侵染皮层；施肥不当，追肥时不开沟施肥，经常雨后在果盘撒施化肥，或者晴天撒肥，在果盘后淋水溶解等，这些施肥方法会导致果盘湿度增加，根颈部易感染脚腐病；虫害及不当农事操作如环割、重剪等造成伤口。

防治方法 | 种植化州柚时应选择抗病强的枳类、酸橘、枸头橙作为砧木的嫁接苗，以上砧木均表现比较抗脚腐病；一旦发现柑橘树感染脚腐病，可以先将植株根颈部土壤扒开，刮除干净病部腐烂组织，然后涂上由1∶1∶10的硫酸铜、生石灰和水配制的波尔多液，或2%~3%硫酸铜液，再用黄心土和新鲜牛粪加少量水混合搅

拌成糊状均匀涂抹在受害部位，厚度约为1厘米，再用干净薄膜包扎后，用绳子捆绑，经过数月后可以促进根颈部位皮层愈合，重新恢复树势；可参考树脂病的用药，加强果园管理，搞好排水灌溉系统防止积水，覆盖防晒，改善土壤结构，及时防治为害基部害虫；种植新植株时，嫁接口不可埋入土壤中。

6. 黄龙病

病原｜此菌为革兰氏阴性细菌，属细菌性病害。归属变形菌纲α亚纲分科地位尚未确定的韧皮部杆菌属，病原物寄生在韧皮部筛管细胞内。

为害症状｜春梢、夏梢、秋梢、冬梢都可表现症状，全株均可染病，以叶片、枝梢、果实等部位为害；叶片黄化表现为三种，均匀黄化型、斑驳黄化型和缺素黄化型；发病初期先出现叶片褪绿的小枝，病梢下段枝条叶片和树冠其他枝条相继褪绿变黄或呈斑驳黄化；以未结果的幼年树和初结果树较多，大多表现为均匀黄化型。夏梢、秋梢发病时，抽生新梢叶片不能转绿，叶片暗淡无光泽，随后逐渐变黄而形成黄梢，叶片呈现均匀黄化或斑驳黄化；斑驳黄化型从主脉基部和侧脉顶端附近发生黄化，黄斑的形状和大小不一，逐步扩大形成黄绿相间的斑驳，主脉两侧斑驳不对称，这种症状在春梢、夏梢、秋梢的病枝上，以及初期、中期、晚期病树上都易见到。缺素黄化型，又称"花叶"型，主脉、侧脉及其附近的叶肉保持绿色，脉间的叶肉呈黄色，与缺锌、缺锰症状相似，这种叶片在中期、后期的病树或原来的黄化枝条剪除后再抽出的新梢中常常出现。除叶片黄化症状外，还会出现病树落叶，枯枝多，植株弱，早发芽，叶片小，叶质较厚硬，花多畸形且早开，坐果率低，果实小或呈畸形，不能正常着色；病树初期根系正常，中期、后期根系出现腐烂症状（图7-9）。

图7-9 感染黄龙病后叶片和枝梢黄化现象

发病规律 | 传播方式主要按距离远近划分,远距离传播为嫁接和苗木传播,近距离传播为木虱和田间病原传播。在22~28 ℃相对湿度80%~90%时易发生病害,时间一般在5月下旬,8—9月最严重。此外,田间病树、发梢不整齐等情况也会诱发黄龙病;春季、夏季多雨,秋季干旱、施肥不足,果园地势低洼,排水不良,树冠郁闭等因素都会使其病害易发;柑橘木虱会在苗木的嫩梢期、低温期集中,木虱为害发生重,黄龙病发生亦重。

防治方法｜早诊断，早处理，根据病征诊断，黄龙病典型特征是黄梢，特别是晚秋梢和冬梢会出现个别不能转绿的黄梢，也叫黄龙梢；另一特征是出现不对称黄绿相间的黄叶，可根据这两个特征进行基本的判断，用黄龙病阳性测定方法诊断，对疑似黄龙病的防治木虱措施是在早春清园期和春梢、夏梢、秋梢及晚秋梢嫩梢期、冬梢6个关键时期对连片果园喷洒农药，同时也可使用诱虫灯、黄色黏板等陷阱诱杀木虱，定期对园区进行排查，做好田间柑橘木虱测报工作，在成虫前若虫期扑杀，合理控制果园种植面积，建设生态隔离带阻碍木虱传播。培养抗病性强的品种，对单一品种的种植比例进行调整，建设品种多样、密度合理的抗病性能强的种植体系；管理苗木，杜绝选购携带病虫的苗木，购买来源正规、脱毒处理的树苗，对苗木的进出严格把关，从源头上截断病菌源。刚建立的果园保证供应无病接穗，接穗剪取后应用盐酸四环素1000倍液浸泡2~2.5小时，然后用清水冲洗干净后，用湿布包好在44℃湿热空气中预热5分钟，再经47℃湿热空气处理8~10分钟，隔24小时重复1次，共3次。

土质调控，多施有机肥，培养发达健康根系，减少化肥使用量，防止土壤酸化和养分失衡，时时监测调节土壤pH以保护植株的根部系统，提高对黄龙病的抗病能力。转变防治观念，对典型叶片采用速测法或观察法进行鉴定，一经判断或测定病情发生后，果断彻底挖除病树并对树坑进行消杀。

用药控梢或杀梢结合人工抹梢控制化州柚新梢萌发，集中放梢，对晚秋梢和冬梢可以进行杀梢处理，从而防止木虱的发生及病毒的传播。此外，在使用杀虫剂防治木虱时，应将第一代若虫时期作为防治重点期，可以更好地防止柑橘木虱迁飞和传代以阻隔黄龙病的传播。目前防治木虱以依靠联苯菊酯、噻虫嗪、毒死蜱、烯啶虫胺和虫螨腈等化学农药为主，但频繁使用化学药品会导致木虱的抗药性增加，应使用不同的药物进行防治，同时结合生物防治及天敌捕食等措施进行防治，喷施尿素、复合氨基酸及葡萄糖叶面肥对柑橘木虱有较强的吸引作用，同时也会加重柑橘类植物炭疽病的发生。因此，在防治过程中需要尽量避免在柑橘木虱迁飞和传代过程中喷施以上肥料及补充剂，延缓柑橘木虱的抗药性。柑橘木虱的食性天敌主要有捕食性瓢虫、草蛉、蓟马、食蚜蝇和蜘蛛等。防控常用药物有氯虫苯甲酰胺5毫克/升、2-十三烷酮10毫克/升、高效氯氰菊酯50毫克/升、18克/升阿维菌素3500倍液、3%啶虫脒2500倍液、18%螺虫乙酯·唑虫酰胺悬浮剂60～90毫克/千克。为减缓抗药性的产生，建议在生产上轮换使用作用机理不同的杀虫剂。

7. 煤烟病

病原｜煤烟病又称煤病、煤污病或烟霉病，属侵染性真菌病害。

为害症状｜果树受害后主要表现为枝梢、叶片、果实表面覆盖一层黑色霉层，初期出现灰黑色小霉斑，后期扩大形成黑色或暗褐色霉斑，不入侵寄主。煤烟病严重发生时影响光合作用，削弱树势，使果实外观及品质变劣，严重影响化州柚产量和品质，重者致树体整株枯死。

发病规律｜传媒昆虫粉虱、蚜虫、蚧类等的传播、风雨的传播、郁闭和潮湿的环境中容易发生煤烟病，其种类多达10余种。

防治方法｜对生长的菌丝进行杀灭和对其宿主进行防治以间接达到防治的目的。以下药剂对防治煤烟病有较好的效果：50%多菌灵可湿性粉剂、70%甲基硫菌灵可湿性粉剂、80%代森锰锌可湿性粉剂、40%嘧霉胺悬浮剂、50%疮炭煤烟净可湿性粉剂、75%百菌清可湿性粉剂，或选择80%乙蒜素乳油1000倍液、70%丙森锌可湿性粉剂500倍液、99%绿颖乳油200倍液、80%乙蒜素乳油2000倍液＋99%绿颖乳油300倍液也有良好防治效果。按照不同杀菌剂的

毒力大小依次为：50%多菌灵可湿性粉剂＞70%甲基硫菌灵可湿性粉剂＞80%代森锰锌可湿性粉剂＞40%嘧霉胺悬浮剂＞50%疮炭煤烟净可湿性粉剂＞75%百菌清可湿性粉剂。其中乙蒜素、丙森锌、绿颖、乙蒜素＋绿颖对柑橘煤烟病均有防治作用，在发病盛期使用，隔10天施药2次，药后50天的防效可达90%，效果最好。同时在使用剂量范围内，对化州柚嫩梢安全，建议在生产上推广使用。

8. 褐斑病

病原｜链格孢菌（*Alternaria alternata*）是褐斑病的病原物，橘致病型和粗柠檬致病型是其侵染柑橘的两种类型。目前，橘致病型是我国褐斑病的主要病原类型。

为害症状｜叶片感病，病斑可沿叶片主脉、侧脉及支脉扩展，呈散射状或"拖尾"状；未展开的幼叶受害出现针头状斑点，随后病斑扩大，初为黄褐色，渐至深褐色，致使幼叶枯死脱落；枝条被侵染时，先在其上形成褐色的小凹点，这些小凹点会继续在树枝周围扩展成更大的病斑，当空气潮湿时，扩展速度加快，最终导致病斑上部的新梢枯死；花蕾和花瓣感病，赤黄色，呈斑块状，随后脱落或干枯；当侵染果实时病原体会在花期从柱头侵入并隐藏在囊轴中，幼果在谢花时即感病，初感病时表面呈木栓化龟裂，疤斑状，可在果实表面看到小的黑褐色凹陷病斑，即为病原症状。

发病规律｜随气流传播，该型可侵染叶片、果实及枝条。受感染的叶片1天内即可表现出症状。

防治方法｜做好冬季清园，清除越冬病原，包括地面的枯枝、病叶；增施有机质肥料，减少化学肥料，实行氮、磷、钾、钙和微肥配合使用，培养健壮根系，增强树体；建立和疏通排灌系统，防止园区积水；做好修剪，使果园通透良好；发病季节常巡果园，随时剪除病枝、病叶和病果，远离园区集中烧毁。及时喷施药剂，当感病果树春芽显露0.5～1厘米时喷第一次药剂，相隔7～10天喷第二次,下雨前后应及时补喷药剂,注意轮换使用药剂和混合使用药剂。常用药物有45%咪鲜胺微乳剂1000~1200倍液、10%苯醚甲环唑水分散粒剂2000~3000倍液、80%代森锰锌(大生M-45)可湿性粉剂500~600倍液、25%戊唑醇水乳剂1000~1500倍液、25%戊唑醇(富力库)可湿性粉剂2000~3000倍液+70%丙森锌可湿性粉剂600~800倍液、32.5%苯甲·嘧菌酯(阿米妙收)悬浮剂1000~1500倍液、25%吡唑醚菌酯悬浮剂1000~1500倍液,亦可用铜制剂、异菌脲及其他有效的复配药剂等。

二、常见虫害及其防治

1. 介壳虫

介壳虫主要有矢尖蚧和吹绵蚧。

为害症状 | 若虫、成虫聚集在叶片、枝条、果蒂部吸食汁液,可致叶片褪绿变黄、枝梢枯萎、落叶(果)、整株死亡。介壳虫一般为害叶片、枝条和果实,果园周边有介壳虫喜爱植物易诱发。

发生规律 | 繁殖能力强,一年发生2~4代,卵孵化为幼虫,经过短时间爬行,营固着生活,即形成介壳。温暖湿润有利于其发生,介壳虫雄性有翅膀,雌虫和幼虫一经羽化,常寄居在枝叶或果实上,为害严重时会造成叶片发黄、枝梢枯萎,其抗药能力强,一般药剂难防治,主要是依靠矿物质油乳剂直接接触虫体,使蜡质层腐蚀溶解,便于有机磷农药渗入虫体内,从而杀死介壳虫,防治过程复杂困难。因此,一旦发生,不易清除干净。

防治方法 | 苗期杀卵,清理园内外介壳虫喜爱植物,常用药剂有啶虫·毒死蜱20%乳油(低毒)1000~1500倍液、0.5%苦参碱水剂(低毒)104~138倍液、22%氟啶虫胺腈悬浮剂(微毒)4500~6000倍液、25%噻嗪酮可湿性粉剂(低毒)1000~2000

倍液、30%硝虫硫磷乳油（低毒）600～800倍液、45%马拉硫磷乳油（低毒）450～720倍液、10.5%高氯·啶虫脒乳油（低毒）3000～4000倍液、400亿孢子/克球孢白僵菌可湿性粉剂（低毒）26～35克/亩。

2. 柑橘红蜘蛛

柑橘红蜘蛛［*Panonychus citri*（McGregor）］又称柑橘全爪螨，别名瘤皮红蜘蛛，是蛛形纲蜱螨目叶螨科全爪螨属节肢动物，在中国柑橘各产区均有发生，繁殖能力强。

为害症状 | 成螨、若螨为害叶片、嫩梢、果实，以叶片受害最甚。柑橘红蜘蛛吸食叶片汁液，叶片被害后产生许多灰色的小点，叶绿素含量降低，失去光泽，光合作用减弱，引起落叶（花、果）、梢枯（图7-10）。

图7-10 柑橘红蜘蛛为害后的叶片

发生规律 | 在高温、干旱环境下，长期使用菊酯类药物容易发生虫害，年平均温度20 ℃以上地区繁殖快，为害期长；广东地区

春梢期（4—5月）和秋梢期（9—10月）为2个为害高峰期；目前生产上防治柑橘红蜘蛛仍以化学防治为主。

防治方法｜橘园种百花草培训天敌、轮换使用杀虫药、把握果园虫口密度及喷药时间。常用药剂有30%乙唑螨腈悬浮剂2000倍液、110克/升乙螨唑悬浮剂2000倍液＋50%氟啶胺悬浮剂1500倍液、110克/升乙螨唑悬浮剂2000倍液、30%乙唑螨腈悬浮剂3000倍液、110克/升乙螨唑悬浮剂1500倍液＋5%阿维菌素2000倍液、110克/升乙螨唑悬浮剂3000倍液＋43%联苯肼酯悬浮剂2000倍液、43%联苯肼酯悬浮剂2000倍液、50%氟啶胺悬浮剂1500倍液、50克/升氟虫脲（卡死克）、240克/升螺螨酯（螨危）、3%阿维菌素·噻螨酮（阿尼朗）、24.5%阿维·矿物油（胜满）、30%腈吡螨酯悬浮剂2000～3000倍液、30%腈吡螨酯悬浮剂3000倍液＋D-柠檬烯500倍液、D-柠檬烯300倍液、氟啶胺2000倍液。以上防治柑橘红蜘蛛均有较好效果，按照柑橘红蜘蛛具有世代数多及世代重叠的特点，故其防治次数也应相应增多，为了降低柑橘红蜘蛛的抗药性，要着重选防效好的杀螨剂，但要避免同种或者同类药物的多次连续施用，可以优先考虑使用市场价格相对较低廉的药剂。其中30%腈吡螨酯悬浮剂2000～3000倍液对柑橘红蜘蛛有很好的防治效果，其防效、速效性、持效期、安全性比氟啶胺2000倍液好。在柑橘红蜘蛛初发期用喷雾法施药，为了减缓柑橘红蜘蛛对30%腈吡螨酯悬浮剂的抗药性及降低用药成本，推荐加入D-柠檬烯500倍液，使用30%腈吡螨酯悬浮剂3000倍液＋D-柠檬烯500倍液组合可迅速地杀死柑橘红蜘蛛，作用持久且用药范围安全；联肼·乙螨唑2000～4000倍液防治柑橘红蜘蛛效果较好，药后7天基本上能够杀死柑橘红蜘蛛，以3000倍稀释液浓度杀虫效果为最优。阿维·螺螨酯不同浓度防治效果差异性较大，但整体防治效果不理想；50%螺虫乙酯7000倍稀释液对柑橘红蜘蛛防治效果显著，且作用时效最长，但其毒性较大，在生产上尽量隔年施用。由此,建议果农在生产上可使用联肼·乙螨唑3000倍稀释液、阿维·螺螨酯2000倍稀释液防治柑橘红蜘蛛,必要时可以选择性使用50%螺虫乙酯7000倍稀释液进行防治。

3. 柑橘粉虱

柑橘粉虱[*Dialeurodes citri*(Ashmead)]是为害化州柚的重要害虫,主要以若虫为害嫩梢、嫩叶和幼果。

为害症状│若虫、成虫为害各次新梢叶片,成群群集,若虫固定在新叶叶背上吸食汁液后,受害叶片出现轻微褪绿斑,影响植株光合作用;成虫为害时分泌蜡粉在叶背,其排泄物易诱发煤烟病,同时柑橘粉虱发生严重时引起枝叶枯死,影响产量。

发生规律│柑橘粉虱喜欢荫蔽环境,常常在新梢嫩叶背面栖息和产卵,尤以树冠下部和荫蔽处的嫩叶上产卵较多,主要在新梢叶背吸食汁液。

防治方法│在种植园地内适当引入天敌,防治柑橘粉虱的最佳时期为1、2龄若虫发生高峰期。因此,目前对柑橘粉虱的田间试验主要围绕若虫开展,防治药剂以新烟碱类为主。同时柑橘粉虱能传播黄脉病,仅防治柑橘粉虱若虫难以取得对黄脉病理想的控制效果,必须重视成虫特别是越冬代成虫的防控;加强对果树的管理,在柑橘粉虱发生严重的果园应加强修剪,保持果园通风透光,创造不利于柑橘粉虱发生的生态环境,实现对柑橘粉虱的综合治理;由于柑橘粉虱发生时,往往也是柑橘害螨发生的高峰期,矿物油不仅对大多数害虫有效,而且对许多害螨的防效也较为显著,加之矿物油具有更为安全的优点。因此,在防治柑橘粉虱时,可以兼治柑橘木虱、蚜虫类、蓟马等多种柑橘害虫,有利于降低化学农药使用量和生产成本。药剂有99%矿物油乳油150倍液、22%螺虫·噻虫啉悬浮剂5000倍液、22.4%螺虫乙酯悬浮剂5000倍液、25%噻嗪酮(优乐得、扑虱灵)可湿性粉剂2000~5000倍液。

4. 吉丁虫

吉丁虫（*Agrilus auriventris* Saunders）属鞘翅目吉丁虫科，又称柑橘小吉丁虫、柑橘吉丁虫、柑橘锈皮虫。

为害症状｜幼虫孵化后在树皮浅处蛀害，常带有油状褐色透明胶质物流出，削开后可见虫体，之后为害主干，9—10月大部分蛀入木质部；在皮层内造成许多蛀道，受害树皮成片爆裂脱落，形成层中断，养分输送受阻，全株或主枝枯死，受害树易发流胶病。

发生规律｜通常一年发生1代，大多以老龄幼虫出现在枝干木质部，少数以3龄或2龄幼虫在枝干皮层越冬。

防治方法｜加强果园管理，修剪树形，将病树、死树去除，配合冬季、春季清园，减少虫源及越冬栖息地；削皮涂药，及时处理幼虫上树为害，可用小刀刮剥被害树皮将幼虫剥出，或将幼虫用农药毒杀，在出现胶状物溢处，用刀削开被害部位后，可用24%灭多威300～400倍液刷被害处后，涂黄油加50%多菌灵600倍液保护，可有效杀死幼虫和保护树干；在成虫羽化期喷药杀死成虫，在5月中下旬至6月上中旬，在成虫羽化阶段，喷药杀死刚羽化的成虫，可用24%灭多威1000倍液或48%毒死蜱1000倍液进行橘园喷药，杀死羽化出洞的成虫。

5. 柑橘潜叶蛾

柑橘潜叶蛾（*Phyllocnistis citrella* Stainton）属鳞翅目潜叶蛾科，又名绘图虫、鬼画符、潜叶虫、橘潜蛾。

为害症状｜为害部位为嫩叶、嫩梢和幼果；幼虫蛀入嫩叶、嫩茎表皮取食叶肉，留下表皮，形成弯弯曲曲的银白色虫道，受害叶片皱缩、变硬、叶片脱落，降低光合作用（图7-11、图7-12）。受害卷曲叶片是螨类、蚧类、蚜虫类害虫的越冬场所。

发生规律｜柑橘潜叶蛾主要为害嫩梢，导致叶片卷曲、畸形，影响树的生长，华南地区一年发生14～16代；幼虫的孵化初盛期是防控的重要时期,需针对柑橘潜叶蛾幼虫的防控制定最佳方案。在化州柚苗木的夏梢、秋梢萌芽后要时刻关注柑橘潜叶蛾的为害情况,柑橘潜叶蛾为害造成的伤口容易感染溃疡病,是柑橘类植物上需要常年喷药防治的害虫。

图7-11 柑橘潜叶蛾为害后痕迹

图7-12 柑橘潜叶蛾为害初期

防治方法｜加强肥水管理,在株行间间种豆科白花灰叶豆绿肥,提高土壤肥力,增强植株抗虫能力;合理修剪,使树冠内部通风透光,减少虫害;适时抹芽控梢,减少虫源是防治柑橘潜叶蛾的关键措施。控梢注意事项:摘除过早或过迟抽发的不整齐梢,集中烧毁,以减少害虫食源,消除产卵场所,降低虫口基数,配合水肥管理,在柑橘潜叶蛾发生低峰期统一放梢,使夏梢、秋梢萌发整齐,利于集中喷药护梢,可有效控制柑橘潜叶蛾的发生,放梢时间应视气候、植株生长情况及害虫发生规律而定,以避开害虫盛发期为佳,夏梢为5—6月,秋梢为8—11月;冬季清园,及时清理受害的残枝枯叶,集中烧毁,消灭残留害虫;冬季清园并全园喷一次1波美度石硫合剂,减少越冬虫源。此外,柑橘潜叶蛾的发生受到多种幼虫寄生蜂、捕食性蚂蚁和草蛉虫等的制约,推广使用生物农药、对天敌安全的化学农药,减少农药对寄生蜂的杀伤力,喷药时注意保护寄生蜂;保持生态平衡,寄生蜂对幼虫和蛹的寄生率高、防治效果好,但同时也要限制天敌的数量,以避免数量过多引起果园生态的失衡。科学合理使用农药：新梢期间加强喷药保护，实施"一梢两药"的防治原则，新梢长0.5～1.5厘米时便开始喷第一次药，每次间隔7～15天，连续喷2～3次，直到停止抽发新梢为止，常用药剂有20%氯虫苯甲酰胺3000～4000倍液、25%噻虫嗪悬浮剂1500～1800倍液、25%吡蚜酮悬浮剂1500～1800倍液、20%甲氰菊酯乳油1500～1800倍液、2.5%氟氯氰菊酯1500～1800倍液、1.8%阿维菌素乳油2000～2500倍液、10%烟碱乳油1000倍液、25%除虫脲800～1000倍液、10%吡虫啉1500～2000倍液、5%吡虫啉乳油2000倍液。要轮换交替使用不同杀虫机制的农药、避免或延缓害虫产生抗药性，保证喷药质量，做到均匀不漏喷，提高杀虫效果，延长药剂的使用寿命。

6. 柑橘凤蝶

柑橘凤蝶（*Papilio xuthus* Linnaeus）属于鳞翅目凤蝶科（图7-13）。

为害症状 │ 1～2龄幼虫主要取食嫩叶，将叶片食成缺刻，3龄幼虫开始取食嫩叶和老叶，可将叶片食光或仅存叶柄和主脉。

图7-13 柑橘凤蝶

发生规律 │ 在多数情况下柑橘凤蝶达不到需要防治的经济阈值，易引起人们的忽视，根据柑橘凤蝶幼虫的发生和为害特点，1～3龄幼虫是防治的关键时刻，一旦暴发则严重影响树势，暴发时可嚼秃叶梢，幼龄树和成年植株幼嫩部分受害较重。

防治方法 | 倡导综合治理柑橘凤蝶，结合日常田间巡查视检，人工捕杀成虫和幼虫，幼年果园提倡人工摘除虫卵和蛹；结合冬季清理田园，集中消灭越冬蛹，降低翌年柑橘凤蝶虫口基数；对柑橘凤蝶可以进行生物防治，其防治方式具有对人畜、天敌安全，选择性高，对生态系统无不良影响，对抗药性害虫防治有效等突出优势，利用自然生态平衡保护和利用天敌，促进农药减量控害增效。常用防治药剂有16 000 IU/毫克苏云金杆菌可湿性粉剂1000倍液、400亿孢子/克球孢白僵菌可湿性粒剂1000倍液、1.5%苦参碱水剂2500倍液、0.5%印楝素乳油300倍液、20%氰戊菊酯乳油2000倍液、90%敌百虫结晶粉1000倍液、80%敌敌畏乳油1000倍液、2.5%溴氰菊酯乳油2000～3000倍液。

7. 金龟子

金龟子为金龟子科昆虫的总称，属无脊椎动物，昆虫纲，蛴螬是金龟子的幼虫，是较难防治的土栖性害虫。

发生规律 | 主要啃食植物根和块茎或幼苗等地下部分，同时也为害植物的叶、花、芽及果实等地上部分；成虫咬食叶片成网状孔洞和缺刻，严重时仅剩主脉；群集为害时更为严重，常在傍晚至晚上10:00咬食最盛。

防治方法 | 利用性诱剂、频振式杀虫灯、糖醋液等进行诱杀或采取人工捕捉措施，对于控制金龟子种群数量和蛴螬的田间发生量具有一定效果。使用45%毒死蜱乳油、40%辛硫磷乳油对金龟子也有较好的防治效果。

8. 柑橘蚜虫

柑橘蚜虫是柑橘芽梢期的刺吸式害虫，同翅目蚜科，主要有橘蚜、橘二叉蚜、桃蚜等；柑橘蚜虫在中国分布很广，所有种植区均有发生。

为害症状 | 被害的新梢、嫩叶卷曲、皱缩，节间缩短，不能正

常生长，严重时引起落果及大量新梢无法抽出，影响产量，不但当年减产，还会影响第二年的产量，柑橘蚜虫排泄的"蜜露"能诱发煤烟病，影响叶片的光合作用，同时柑橘蚜虫还是柑橘衰退病的传播媒介。

发生规律｜群集在植株嫩梢上，吸食汁液，花蕾、幼果也能受害，造成叶片皱缩卷曲、硬化、畸形，严重时嫩梢枯萎、幼果脱落；虫排泄物诱发煤烟病，可招引蚂蚁，妨碍天敌活动。

防治方法｜常用药剂有5%吡虫啉乳油2000倍液、50%噻嗪酮悬浮剂1600～2000倍液、20%啶虫脒可溶性粉剂1600～2000倍液、70%吡虫啉水分散粒剂10000倍液、30%噻虫嗪悬浮剂4000～8000倍液、18%螺虫乙酯·唑虫酰胺悬浮剂90～180毫克/千克、5%吡虫啉乳油2000倍液＋30%噻虫嗪悬浮剂3000倍液。从柑橘蚜虫容易产生抗药性考虑，建议在生产上与作用机理不同的杀虫剂如新烟碱类杀虫剂、杂环类杀虫剂轮换使用。此外，不同药剂混合施用均比单个药剂施用效果要好。

9. 蓟马

蓟马是缨翅目（Thysanoptera）昆虫的通称，虫体微小细长，体长一般为1～2毫米。

为害症状｜幼嫩叶片受害轻时，叶褪绿，出现很多小白斑；受害重时，叶片失绿变细长，出现黄褐色条斑，叶片向内纵卷，僵硬变脆，嫩芽、嫩枝生长点发黄凋萎，顶芽难以继续伸长而使其生长受阻。

发生规律｜蓟马常隐藏在植物的花部、嫩叶嫩芽和水果中为害，可造成果实疤痕和花皮；对新发出的嫩绿叶片有很强的为害能力，成虫、若虫均以锉吸式口器穿刺锉伤植物叶片及花组织，吸食汁液。由于蓟马个体移动能力强，善躲藏，施药时药液很难喷到且抗药性强，导致用药防控蓟马的难度加大。

防治方法 | 生草覆盖是目前果园覆盖的主要方式,起到保护和利用天敌昆虫控制蓟马的作用,捕食性的螨类、蜘蛛、蜡类等都是蓟马的天敌,生草覆盖可提供栖息地。利用蓟马对气味具有趋避性的特性,选择一些蓟马讨厌的草种,可在开花期避免蓟马侵害,如种植藿香蓟等有特殊性气味的植物会对昆虫产生一定的趋避性,起到一定的防控效果,也可根据昆虫对颜色的趋好,在大田和大棚里使用黄板、蓝板等色板诱杀昆虫,诱捕蓟马优先选用黄绿色板,蓟马成虫或若虫潜伏在土壤、杂草和树皮裂缝中越冬,因此在农事活动时需要配合冬季清园。配合药物进行防治,根据田间病虫害的监测和预报情况,对行间覆盖物或周围作物进行同步喷药防控。花期前、花期和谢花后这3个时期是蓟马田间防治的关键时期,其中花蕾期、盛花期、谢花2/3期是关键时间节点;在开花前杀灭蓟马,是减少花皮果、提升果实品质的关键措施;施药时机选择在阴天、雨后或早晚湿度较大时喷雾防治。常用药剂有25%噻虫嗪水分散粒剂2000～3000倍液、3%啶虫脒乳油1500～2000倍液、10%吡虫啉可湿性粉剂2000～3000倍液、240克/升虫螨腈悬浮剂2000～2500倍液、60克/升乙基多杀菌素悬浮剂1000～2000倍液、150亿孢子/克球孢白僵菌可湿性粉剂、80亿孢子/毫升金龟子绿僵菌可分散油悬浮剂800～1000倍液。同时需要连续用药2次,间隔10～15天,为避免产生抗药性需注意轮换用药。

10. 天牛

星天牛、褐天牛、柑橘星天牛,俗称花牯牛、水牛姆。

为害症状 | 星天牛幼虫为害成龄树的主干基部和主根,造成"围头"现象;褐天牛幼虫主要蛀食主干和主枝的木质部,在树干、枝条、根内部造成许多通道,影响水分和养分的输送,造成树干枯萎,树势衰退,枝条或植株枯死,树干下可发现虫粪和碎木屑(图7-14)。

第七章 病虫草害及其防治

图7-14 天牛为害后产生的粪便

发生规律｜成虫啃噬枝干表皮和树叶，造成枝干干枯，抑制叶片光合作用，幼虫主要为害树干的底部和主干，阻碍树木的生长。

防治方法｜选用木质较硬的抗性砧木，可选用枳壳等较为坚硬的砧木进行嫁接；加强树体管理，及时清除干枯损坏树枝，根据害虫活动的规律定期在果园巡查，5—6月成虫活动频繁时段捕杀成虫，在成虫羽化出孔前于树干50厘米以下用大灭乳油60倍液喷雾或用松尔膜加杀扑磷刷在距地30～60厘米以下的树干上，另外还能在成虫大量产卵时在树干底部刷上树干涂白剂涂白根颈、树干、主枝，涂含药的泥浆防效更好。成虫开始出现时，用石灰5千克、硫黄粉0.5千克、水20千克混合或石硫合剂残渣0.5千克、石灰0.5千克、水2千克混合成浆状，涂刷近地面1.4米以下树干，间隔1个月再涂1次；成虫出洞前用8%高效氯氰菊酯触破式微胶囊剂200～300倍液喷洒主干及枝叶杀灭成虫；6—8月，树干下部可发现有产卵口或胶状物质，刮除树皮下的虫卵和将孵化出的幼虫，并涂以石硫合剂或波尔多液等消毒防腐，可杀害寄生于树干和已将树干表皮啃噬进行产卵的成虫和刚孵化出来的幼虫，可用56%磷化铝片剂（每片约3克），分成10～15小粒（每份0.2～0.3克），每一蛀洞内塞入一小粒,再用泥土封住洞口或用涂有磷化锌的毒签插入蛀孔毒杀幼虫、钩杀幼虫;幼虫尚在根颈部皮层下或蛀入木质部不深时,应及时进行钩杀。同时在天牛为害的果园内投放花绒寄甲成虫和卵卡,人工培育蛀姬蜂、肿腿蜂等天敌减少人工成本和长期使用危害性高的农药引起的有害物质积累,有利于保护生态环境。

11. 柑橘花蕾蛆

柑橘花蕾蛆又名柑橘瘿蚊、花蛆、花虫、色花虫或柑橘瘿蝇,属双翅目瘿蚊科,成虫像小蚊,幼虫似蛆。

为害症状│幼虫孵化后为害早现蕾、花质好的花蕾花器官,使受害花蕾不能开放,且膨大缩短不能受粉(图7-15)。

图7-15　橘红花遭受柑橘花蕾蛆为害

发生规律│成虫在花蕾上产卵,幼虫一年发生1代,少数地区和某些年份可发生2代,广东地区成虫盛期为2月下旬,只为害柑橘类植物。

防治方法│冬季清园,降低柑橘花蕾蛆的越冬条件;在早春季节,当柑橘花蕾已形成、尚露白时,在树干周围的树盘内进行一次浅耕后用锄头锄压,可以消灭部分蛹体和即将羽化出土的成虫,预防成虫上树产卵。在受害不重的果园或部分受害严重的果树,实行人工摘除受害花蕾,也可从现蕾期开始到花蕾完全开放为止,坚持巡视柑橘园,凡发现花蕾生长不正常(花蕾颜色略带浅绿色,受害花蕾较正常花蕾缩短，呈"算盘珠"状）应予以摘除，并将摘除的花蕾集中深埋处理。可选用药剂有48%毒死蜱乳油800~1000倍液、50%辛硫磷乳油800倍液、90%敌百虫晶体800倍液、45%马拉硫磷乳油1000~1200倍液，48%毒死蜱乳油1千克对细砂土50千克拌成毒土均匀撒施在树盘地面上，每亩撒施毒土30~40千克；或用5%毒死蜱颗粒剂1.5千克/亩均匀撒于或直接喷洒在树盘地面上，撒施毒土最好用锄头浅锄，能保持药效1个月左右，如没有开展地面喷药和撒施毒土或防治不佳，可采取树冠喷药补救，树冠喷药可使用上述药物。一般在3月下旬，抓紧在花蕾现白期，特别是雨后喷药，可杀死大量成虫；药剂选用菊酯类药物或上述药剂，还可兼治柑橘潜叶蛾、叶甲、花蓟马等害虫；化州柚现蕾期，成虫出土较多，也是柑橘花蕾蛆成虫产卵为害最多的阶段。

三、常见草害及其防治

杂草对于果园来说既有好处也有坏处，一方面，适度的杂草可以保持土壤水分，部分豆科杂草还可以起到固氮的作用，改善土壤的有机和无机环境；另一方面，杂草过多容易与果树争夺阳光、水分、养分，减少果树生长空间。化州地区的主要危害杂草大部分为菊科和禾本科的植物，如马唐、早熟禾、看麦娘、小飞蓬、牛筋草、旱稗、猪殃殃、墨旱莲、白花鬼针草、薇甘菊、飞机草等，目前危害较严重的主要是白花鬼针草、马唐、牛筋草等。

防治方法 | 药剂可用克芜踪、拉索、扑草净、敌草隆等除草剂。每亩用灭薇净制剂100~120毫升/亩，加水量为80升/亩（配制成750~800倍浓度药液）。可脱下胶管上的喷枪，把输药胶管放在有杂草生长的周边地面上，每平方米为一次流灌点，让药液自然流出湿润周边土壤，看地面湿润均匀程度而转移流灌点；另外，把喷

枪出口水压调至最低，成自流状水柱，喷枪垂直向下，枪口朝地面灌注法施药，不用喷洒法施药，避免药液雾珠飘吹接触果苗造成药害（图7-16）。

图7-16　除草剂伤害叶片

物理除草 | 利用地膜覆盖，提高地膜和土表温度，烫死杂草幼苗，抑制杂草生长，或利用犁、耙、中耕机等农具，在不同时间和季节进行耕作；人工除草适生范围广，传播途径多。对果园四周及果园内适时中耕2～3次，把杂草消灭在幼苗阶段，进行合理轮作，减轻杂草危害；利用绿肥作物栽种在果园里，覆盖或者与杂草竞争，抑制其生长环境，之后适时对果园进行翻耕，掩埋绿肥植物，既可以增加园区有机物和氮素的含量，又可以控制杂草生长。

四、缺素症状与补充管理

化州柚在生长发育期间不断吸收土壤中的元素维持自身生长，但由于人为管理不当和土壤条件等问题，元素不能及时地补充，造成部分化州柚在栽培过程中出现生长发育迟缓、叶片黄化、果实发育不良，甚至生长停滞等情况。

1. 缺氮特征

初期老叶表现为失绿且较均匀，呈淡绿色至黄色，伴有矮丛症状，后表现为全叶逐渐黄化；新梢抽发不正常，枝叶稀疏而细小；自剪早，易提前脱落，严重时新生受限，出现枝梢枯萎、树冠落叶光秃、果树整株逐渐光秃等树势衰弱退化症状（图7-17）。

图7-17 缺氮症状

原因｜大年树结果过多，消耗大量氮素营养；树体养分缺乏得不到及时补充；春季、秋季营养易供给不足；沙壤土结构导致水土流失；土壤积水造成根系缺氧，影响正常生长及氮素营养吸收转化；病虫害发生等。这些都会引起氮素的缺失。

改善措施｜在新梢萌发期、花期和果实膨大期（氮需求三大高峰期）前对土壤施氮，按每棵树每年0.5～1千克分配，分3～4次施用。幼果期和新梢生长期根外追施叶面肥，可施用0.3%～0.5%尿素、0.2%～0.4%硝酸钾或每100千克果实施用可溶性复合肥0.75千克，每隔7～10天喷施1次，连喷2～3次。若因土壤积水、根系腐烂、树干损伤等引起的缺氮症，则可采取挖沟排水等措施。

2. 缺磷特征

表现为老叶暗绿色，枝叶带紫色，无光泽，甚至出现枯斑，新发枝梢生长细弱，叶窄小且密生，失去光泽呈暗绿色；花少，果实迟熟变小，畸形果多，果面粗糙，果皮厚，未成熟便松软，果汁少，果实质粗，后期空心，中心柱裂开，酸味浓；同时根系生长抑制，树体对氮、钾等营养素的吸收利用率下降。

原因丨红壤和红黄壤等土壤过酸时，土壤中的磷元素易被活性铁等固定，导致土壤中的磷元素缺乏；施用石灰过多的土壤碱性较强，磷易被钙固定而生成磷酸钙，导致有效磷缺乏；施用过量氮肥或镁肥不足都可能抑制根系对磷的吸收利用。

改善措施丨3—10月对缺磷土壤可按0.5～1.0千克/株挖穴集中深施过磷酸钙、钙镁磷和磷矿粉等磷肥，化州柚种植产区土壤pH 4.53～5.79，酸性土壤建议施用不易流失的迟效磷肥。秋、冬季节，不同的土壤和树龄所施用的磷肥因品种会有所区别，按成年树的量来说每株树施用钙镁磷肥1.5～2.5千克，配施适量有机肥做底肥；新梢展叶后，树冠喷施0.3%～0.6%磷酸二氢钾、0.5%～1.0%过磷酸钙浸提液。

3. 缺钾特征

钾元素易移动并可以重复利用，老叶叶尖及叶缘部位开始变黄；叶片相对正常叶片更窄小，部分叶片出现叶色消褪呈古铜色或不一致的黄色，随着缺钾症状的加重，会从老叶向新叶移动，逐步向下扩展变为黄褐色，叶缘卷曲，严重时会导致全株生长退化，植株生长衰弱，新梢数量少，梢短小而细弱，小枝条上的叶片数量减少并变小，小枝细小而衰弱、易干枯死枝。缺钾易导致落果重、果率低、果小皮薄、果实出现裂纹、腐烂脱落；还会降低树体抗旱、抗病、抗寒能力，甚至在一些品种枝干上表现出流胶现象。

原因｜土壤中有机质含量缺乏，可交换钾或总钾含量低导致缺钾；红壤、黄壤含钾量低且容易固定施用的钾肥，土壤干旱或积水、沙质和酸性土壤中钾易流失，施用的石灰过量易诱发缺钾症；氮、磷、镁、钙肥施用过量会对钾的吸收利用造成一定影响，是缺钾症诱因之一。

改善措施｜对于有机质缺乏和酸性的土壤，建园时建议深翻压施绿肥，同时不断提高土壤含钾量及交换能力；对已定植的园区，可以增施高钾复合肥和腐熟的有机肥，植株发现缺钾状态后叶喷高钾水溶肥。按成年树施肥量，每株每年施硫酸钾250～500克；新梢展叶后的生长期内，叶面喷施0.3%～0.6%磷酸二氢钾或0.5%～1.0%硝酸钾、1%～3%草木灰浸出液，矫治效果好。

4. 缺钙特征

表现为新叶尖发黄甚至枯死，新梢短，叶片小呈狭长畸形，黄化病叶提前脱落，一般发生在新叶上，大部分是6月前后出现在春梢上，树冠上部常出现落叶枯枝，俗称"黄化症"。果实上更加明显，生理落叶、落果严重，坐果率低；此外，缺钙非常容易造成纵向裂果和浮皮果。

原因｜缺钙一般是因为土壤酸性太大或者有机质含量太低造成了钙元素的流失。化州产区土壤土质较为松软，为酸性赤红壤土，水土流失严重，土壤中有机质和含钙量较少，同时由于化州柚在生长过程中吸收部分钙质，加上人为长期施用酸性肥料和土壤改良剂等，导致化州柚发生钙素的缺失。

改善措施｜建园时对于土壤偏酸的化州柚园区，应施一定量的熟石灰。当发生轻度缺钙时，可喷施1%～2%过磷酸钙或2%熟石灰液。对酸性赤红壤土，施用石灰进行矫治，一般亩施石灰60～120千克，土壤混施石灰与过磷酸钙或混施石膏与石灰，效果都很好，多施有机肥料，适当少施氮和钾等酸性化肥；对沙质土壤，适当改换肥沃黏性土壤,同时可以叶喷螯合钙或多元素叶面肥。

5. 缺镁特征

老叶和果实附近的叶片先明显表现出发黄症状,病叶沿中脉两侧生出不规则黄斑,逐渐向叶缘扩展,呈肋骨状黄白色带,之后黄斑相互联合,叶片大部分黄化,仅中脉及基部或叶尖处残留三角形或倒"V"形绿色部分,缺镁严重时病叶全部黄化,遇不良环境易脱落。

原因丨遇碱时镁常变为不可给态,导致不能被较好地吸收利用而发生缺镁症,在酸性、强碱性和轻沙质土壤中镁容易流失,磷、钾、锌、硼、锰肥施用过量或土壤中含量过多,也会影响根系对镁的吸收利用;多核品种、柚砧、枳砧等嫁接的果树也易发生缺镁症。

改善措施丨可采取增施有机肥料和镁肥进行土壤改良,在酸性土壤种植区域,以成年树施钙镁磷或氧化镁或硝酸镁或氢氧化镁等15~45千克/亩;在树冠滴水线附近挖环形浅沟,每2~3年施用1次。4—5月喷施0.8%~1.0%$Mg(NO_3)_2 \cdot 6H_2O$进行叶面追肥,连喷3~5次;结果多的树可增施叶面镁肥1~2次,也可冲施腐植酸、黄腐酸等,增施有机肥。

6. 缺硼特征

其主要表现为老叶叶脉肿大,主脉、侧脉木栓化,严重时叶脉中部呈狭长形开裂,节间变短,植株呈丛状或簇状,叶肉有暗褐色斑,斑点集中处使叶片局部呈暗褐色,其余呈黄褐色(图7-18)。病叶无光泽且较厚,稍向后卷曲。幼叶主脉稍肿大,网脉间有不定形的黄白色水渍状斑点,叶背主脉基部有黑色水渍状斑点,叶片扭曲,易脱落。幼果至拇指大小时即出现病状,至鸡蛋大小时缩果病状明显。初时果皮局部呈现乳白色微凸小斑,继而下凹呈云彩状不规则的黑色大斑,果实畸形,呈缩果状。少数残留继续生长的病果,果小,果面有瘤,畸形,果皮厚而硬质,果心不再发育,易从果蒂处脱落;解剖可见白色的中果皮与果心之间充满灰白色脓状胶液,手感黏稠滑腻,同时果树可出现茎裂症和不规则的空茎症;此外,落芽、落花和落果、果实斜裂,产生僵硬的石头果也是缺硼的典型症状(图7-19)。

图7-18 缺硼症状

图7-19 缺硼导致裂果

原因 | 缺硼会导致代谢活动旺盛的部位,如根尖、嫩梢梢尖、幼果中、内果皮之间的居间分生组织得不到有机养料的补充。硼容易因为淋溶作用而损失,加上化州柚花量大,果园普遍缺硼;此外,沙质土、砖红土壤和灌溉水中含硼量低、积水多,排水不畅,受旱涝灾害影响的土壤硼含量也较低;管理粗放,偏施化肥或生理酸性肥料易发生缺硼症状;过施石灰的果园含硼量通常较低,果树

易发生缺硼的症状。

改善措施丨底肥中增加硼砂，花期叶面喷液态硼肥，以下是对缺硼柚产区喷施相关数据，可供参考。根部为150克/株，溶于25千克水中，淋施。叶面为5克/株，溶于2.5千克水中，喷施。

7. 缺铁特征

首先发生在新梢的嫩叶上，叶片褪绿，叶肉部分发黄，叶脉保持绿色；肉眼可见的症状是淡绿色叶片上有绿色的细网状叶脉；随着症状的加重，叶片变薄、变白（或淡黄色），叶片上出现褐色斑点和坏组织，随着叶片成熟，绿色叶脉与浅绿色或淡黄色叶肉之间的界限更为明显；失绿严重的叶片，除主脉呈绿色外全部发黄。

原因丨温度和湿度异常会影响铁元素吸收。土壤碱性也会导致铁元素溶解度含量降低；同时，人为大量施用磷肥会诱发缺铁；钾含量低，磷、钙、锰、铜和锌过多，过量的可溶性磷酸根离子可与铁反应生成难溶性的磷酸铁盐，使土壤有效铁减少，阻碍根系对铁的吸收，影响铁在柑橘树体内的运转和参与正常的代谢活动。低温影响铁的吸收和运输，在晚秋梢或冬梢叶片上的缺铁症状加重往往由低温所致。

改善措施丨铁在树体内不易移动，土壤中又容易被固定，所以矫治缺铁较难，可以使用多元素叶面肥或螯合铁溶液，土壤中施用腐植酸、黄腐酸，增加有机肥。

8. 缺锰特征

缺锰时柑橘幼叶表现较为明显，叶片变为黄绿色，老叶也表现有明显症状，叶肉失绿呈现淡绿色，而叶脉呈现深绿色，轻度缺锰叶片在成长后可恢复，严重时黄化逐步扩大，最后仅上脉及部分侧脉保持绿色，病叶变薄（图7-20）。

图7-20 缺锰、缺锌症状

原因|冷湿土壤中锰易变为无效态,而在温度较高,土壤较干旱情况下则锰易变为有效态,代换性或有效态锰含量虽高,但锰易流失,易发生缺锰症;有机质多的酸性土壤中,锌、铜、镁等也易流失,常伴随发生缺锌、缺铜和缺镁症;过多施用氮肥或土壤中铜、锌、硼过多,影响锰的吸收利用。

改善措施|可以喷施代森锰锌,另外施用多元素叶面肥,严重的果园,施用硫酸锰,同时加强肥水管理,多施堆制厩肥或沤制绿肥;排水不良的园区应在雨季开沟排水,降低地下水位以防止水土流失。

9. 缺锌特征

新梢叶片随着老熟,叶脉间出现黄色斑点,逐渐形成肋骨状的鲜明黄色斑块。缺锌严重时长出的顶枝极纤短,节间缩短,叶片直立窄小簇生,也称"小叶病",叶肉褪绿,叶脉间呈现黄色斑驳状,植株呈现直立的短生状,随后小枝干枯死亡。

原因｜缺锌时，光合作用受阻，二氧化碳固定减弱，不利于花芽分化。化州柚树体高大，每年抽梢多次，且在每年果实采收后会带走大量锌元素，对锌的消耗较大，栽培管理中若没有管理得当，及时补充便会导致缺锌；土壤中的锌只有自由态的锌离子才能被植物有效吸收，而自由态锌含量又受土壤pH、有机质含量、土壤结构等多因素影响；中性和碱性土壤中，锌常变为不溶性的化合物，导致有效锌含量低；沙性土壤由于锌的流失而缺锌；钾、磷过多，因拮抗作用和镁、铜缺乏使果树根群衰弱而降低对锌的吸收，高磷、土壤湿度大、其他元素的不平衡、长期施用石灰或施用石灰量过大都会诱发缺锌；土壤过湿、过旱、腐殖质少，土壤有益菌群失调，重剪、伤根等不当的农事操作也会引发缺锌症。

改善措施｜最佳补锌时期为春梢、秋梢抽发期和坐果保果期。在此期间新梢抽发放出与老熟需要大量的锌，同时果实膨大与着色也在消耗锌，在此期间应适量补充锌肥，以利于后期的花芽分化和提高坐果率，需要注意的是化州柚种植区主要为酸性土，酸性土壤中缺锌可施用硫酸锌，叶喷螯合的多元素叶面肥，另外施用杀菌剂时选择丙森锌、代森锰锌、代森锌等可以补充锌元素。但要控制用量，以免引起缺铁失绿症；中性或碱性土壤根施硫酸锌无效，低锌土壤中要严控磷肥用量，合理施用磷锌肥，同时要避免磷肥过分集中施用，建议与有机肥混合施用，或与其他含镁、铜、锌的盐类共同施用；在冬季或对老叶叶面喷施效果不佳时，使用螯合药剂更易被植株吸收。

10. 缺钼特征

缺钼引起的叶片产生长圆形黄斑，新叶、老叶中都有发生，黄色斑点集中在中脉，呈圆形生长，叶尖和叶缘枯焦，新叶变薄呈淡黄色，纵卷；嫩叶内卷，严重的会变黄并脱落；黄叶背部有流胶，变为暗褐色，叶缘焦枯坏死，果皮上有时出现不规则的带黄色晕圈的褐色萎叶,叶片和果实的病斑多出现在晴天。

原因丨酸性土壤中的钼与铁、铝结合形成铝酸铁和钼酸铝,固定不动,不能被吸收,土壤中磷不足或硫酸过多,钼难以被吸收;容易出现缺钼而引起树体内硝酸盐积累,阻碍氨基酸形成。

改善措施丨酸性土壤可增施石灰,调节pH使钼元素可以移动被根系吸收,亦可喷施0.01%～0.05%钼酸铵或钼酸钠溶液,但萌发后不久的新叶期应避免喷施,以免药害,可以用20～30克钼酸铵和过磷酸钙混合施于根部。

11. 缺硫特征

缺硫叶主脉较其他部位稍黄,尤以主脉基部和翼叶部位更黄,并易脱落,抽生的新梢纤细,新梢全叶发黄,内卷扭曲,多呈丛生状,随后枝梢也发黄,叶片变小,病叶会提前脱落,老叶仍保持绿色,形成非常明显的反差。

原因丨部分果园土壤自身有机质含量低、质地差、硫含量较低,地势原因的水土流失容易引发硫元素缺失,导致土壤发生缺硫现象,进而影响果树对硫元素的吸收,发生缺硫症。

改善措施丨扩穴翻埋有机肥料,可每亩施石膏60千克和硫黄粉20千克,并施用硫酸钾复合肥,叶面喷施硫酸盐溶液,如0.1%～0.5%硫酸锌或0.1%～0.4%硫酸铜溶液等;土壤含钼较多的园区,硫肥施用量应适当增加。春梢叶片在4—7月叶龄时,应将硫含量控制在0.2%～0.3%为宜。

12. 缺铜特征

叶片扭曲,叶脉弯曲呈弓形,嫩枝弯成"S"形,叶片特别大、深绿色、不规则,主脉扭曲,幼叶变成褐色或白色,严重时叶、腋芽、枝顶端死亡,枝梢出现透明胶包,在空气中氧化为褐色,最后转为黑色。严重缺铜时不结果,或结的果小,容易开裂脱落,或畸形,果面出现大小不一的褐色斑点,后期斑点变为黑色。

树皮出现褐色胶状水泡或赤褐色红疹,雨季流出黄色或红色胶状物质,蔓延成纵向沟槽,交替重叠,最后病枝死亡,俗称"枝枯病"或"夏顶枯病",同时化州柚因缺铜个头小。

原因丨土壤中有效铜含量较低或土壤pH过高、土壤中重金属含量过低、果园较少或不施用含铜杀菌剂,磷肥、氮肥等施用不当等会引起缺铜;磷过量会引起和铜元素间拮抗;土壤本身缺铜时,氮肥过量,会引起pH降低,会把和有机质结合的铜释放出来,造成铜元素流失,使缺素更加严重。

改善措施丨叶面喷施0.2%~0.3%硫酸铜、波尔多液或含铜杀菌剂,有较好效果。值得注意的是,同时施用时要注意使用量,防止药害;要注意识别,缺素症状一般混合发生的情况较多。